DIE WAFFEN DER CHINESISCHEN ARMEE

ARTILLERIE & FLUGABWEHR

Victor Schunkow

Motor
buch
Verlag

IMPRESSUM

Umschlaggestaltung: Sven Rauert

Bildnachweis: Die zur Illustration dieses Buches verwendeten Aufnahmen stammen – wenn nicht anderes vermerkt ist – vom Verfasser.

Übersetzung und Bearbeitung Franz Leip

ISBN: 978-3-613-04818-8

1. Auflage 2025

Sie finden uns im Internet unter www.motorbuch-verlag.de

Dieses Buch wurde nach den geltenden Vorschriften der General Product Safety Regulation (GPSR) entwickelt. Bei Fragen oder Problemen wenden Sie sich bitte an den Verlag unter folgender E-Mail-Adresse: gpsr@paul-pietsch-verlage.de

Lektorat: Redaktion Motorbuch
Innengestaltung: ERWE-WERBUNG Ralf Weinreich, Halle/S.
Druck und Bindung: Graspo CZ, 76302
Printed in Czech Republic

INHALT

EINFÜHRUNG

Das Heer der so genannten chinesischen Volksbefreiungsarmee (VBA) dürfte weltweit über die größte Typenvielfalt an Rohrgeschützen und Mehrfachraketenwerfern verfügen und wahrscheinlich auch zahlenmäßig über die meisten. Allein dies lohnt einen Blick auf die Artillerie der VBA. Wie in anderen Heeren bildet sie neben Infanterie und Panzertruppe eine der Hauptwaffengattungen. Als Unterstützungstruppe des Heeres mit starker und weitreichender Feuerkraft verfügt sie über Tausende gezogener und selbstfahrender Geschütze einschließlich einer großen Zahl von Mehrfachraketenwerfern unterschiedlicher Kaliber und Schussweiten, mit denen sie die Kampftruppen in Angriff und Verteidigung entscheidend unterstützen kann. Dafür steht ihr Munition unterschiedlicher Art und Wirkung zur Verfügung.

Die in den späten 1940er-Jahren aufgestellten Artillerieverbände der VBA waren anfangs hauptsächlich mit sowjetischen Geschützen bewaffnet. Hinzu kamen japanische Beutegeschütze, die der Roten Armee nach der Kapitulation der japanischen Kwantung-Armee im August 1945 in die Hände gefallen waren. In den frühen 1950er-Jahren ging China zur Fertigung eigener Geschütze über, bei denen es sich ausschließlich um Nachbauten sowjetischer Modelle handelte. Ermöglicht wurde dies durch umfangreiche Hilfe aus der UdSSR, die den Bau von Fertigungsanlagen, die Ausbildung chinesischer Ingenieure und Facharbeiter in der UdSSR und die Vergabe von Lizenzen einschließlich technischer Unterlagen beinhaltete. So nahmen die Chinesen in den frühen 1950er-Jahren die 76,2-mm-Kanone M1942 (SIS-3), die 122-mm-Haubitze M1938 (M-30) und die 152-mm-Haubitze M1943 (D-1) in Produktion, und zwar alle unter der gleichen Bezeichnung Typ 54 (plus Kaliberangabe). Diese Geschütze bildeten das Rückgrat der Divisionsartillerie der VBA. In den späten 1950er-Jahren kamen die 130-mm-Kanone M-46 (chinesische Bezeichnung Typ 59) und die 122-mm-Kanone D-74 (Typ 60) hinzu. Die sowjetische 152-mm-Haubitze M1955 (D-20) bauten die Rotchinesen unter der Bezeichnung Typ 66 nach und den 82-mm-Granatwerfer/Mörser PM-41 unter der Bezeichnung Typ 53 (der im Band über Infanteriewaffen vorgestellt wird).

Auch die sowjetische 76,2-mm-Regimentskanone M1927 setzte die rotchinesische Artillerie ein.

Als sich die Beziehungen zur UdSSR in den 1970er-Jahren drastisch verschlechterten, bauten die Rotchinesesen nichtsdestoweniger weiter sowjetische Geschütze nach, diesmal ohne Lizenz, und auch westliche Geschütze.

Neben selbstfahrenden Geschützen mit Kettenlaufwerk (Panzerhaubitzen) verfügt die VBA-Artillerie seit einigen Jahren auch über eine beträchtliche Anzahl selbstfahrender Geschütze auf Radfahrgestell (Rad- und Radpanzerhaubitzen). Das chinesische Militär schloss sich hier der Ansicht anderer Streitkräfte an, dass Geschütze auf Radfahrgestellen verschiedene Vorzüge gegenüber gezogenen und selbstfahrenden Geschützen mit Kettenlaufwerk haben. Die Vorteile gegenüber gezogenen Geschützen liegen in der höheren taktischen Beweglichkeit, der kürzeren Übergangszeit von der Marsch- in die Feuerstellung und umgekehrt, der erhöhten Überlebensfähigkeit der Bedienung (Panzerschutz) zumindest auf dem Marsch, sowie der vereinfachten Logistik (das Fahrzeug transportiert Geschütz mit Richtanlage, Bedienung und Erstmunition). Die Vorteile gegenüber Geschützen auf Kettenfahrgestell liegen in der höheren Marschgeschwindigkeit und Beweglichkeit insbesondere beim Straßenmarsch, der einfacheren Wartung und Instandsetzung und damit auch in den niedrigeren Betriebskosten. Anfang 2015 verfügte die chinesische Rohr- und Raketenartillerie über 13.178 Geschütze verschiedener Typen und Kaliber. Diese Zahlen sind nunmehr (2025) sicher nicht mehr taufrisch und mögen sich zwischenzeitlich etwas geändert haben; auch die Gewichtung der Geschützklassen unterlag gewissen Verschiebungen und es kamen neue Rohrgeschütze und Raketenwerfer hinzu. Unter dem Strich aber vermitteln die Angaben einen guten Eindruck von der Stärke und der Zusammensetzung der chinesischen Artillerie.

Sowjetische 122-mm-Haubitzen M1938 (M-30) während des 2. Weltkriegs.

- Selbstfahrende Geschütze: 2280 Stück, davon 1600 Kaliber 122 mm: 750 Typ 89, 300 Typ 07 (PL2-07), 150 Typ PL2-07B, 300 PLC-09, 150 Typ PLL-09. Kaliber 152 mm: 390 Typ 83. Kaliber 155 mm: 290 PLZ-52 (PLZ 05).
- Gezogene Geschütze: 6140 Stück, davon 3800 Kaliber 122 mm (Typ 54-1, Typ 83, Typ 60 (D-74),-Typ 96 (D-30). Kaliber 130 mm: 234 Stück Typ 59 (M-46) und Typ 59-1. Kaliber 152 mm: 2106 Stück Typ 54 (D-1), Typ 66 (D-20).
- Glattrohr-Vielzweckgeschütze (Haubitze/Granatwerfer): 300 Stück Kaliber 120 mm: 200 PLL-05, 100 PLZ-05A.
- 1870 Mehrfachraketenwerfer, davon über 1810 auf Selbstfahrlafetten. Kaliber 122 mm 1643 Stück: 1250 Typ 81, 375 Typ 89 (PHZ-89), 18 PHZ-10. Kaliber 300 mm: 175 Typ PHL-03.
- Granatwerfer: 2586 Stück verschiedener Kaliber (82 mm Typ 53/Typ-67/Typ-82/Typ-87, 100 mm Typ-89).*

An Panzerabwehrwaffen (Geschütze und Raketen) verfügten die VBA- Landstreitkräfte über:

- 924 selbstfahrende Panzerabwehr-Lenkraketen, darunter 450 HJ-8, 24 HJ-10 und 450 ZSL-02B.
- 3966 rückstoßfreie Leichtgeschütze (75-mm-Kanonen Typ 56, 82-mm-Kanonen Typ 65, 105-mm-Kanonen Typ 75 und 120-mm-Kanonen Typ 98.*
- 1788 Panzerabwehrkanonen, davon 480 selbstfahrend: 250 Typ 02 (PTL-02), 230 Typ 89 (PLZ-89; 120 mm). 1308 gezogene Panzerabwehrkanonen (Typ 73, Typ 86).

Die Rohr- und Raketenartillerie nimmt im chinesischen Heer einen herausragenden Platz ein. Fast alle größeren Verbände verfügen über eigene Truppenteile mit Rohrgeschützen und Mehrfachraketenwerfern. Auf Brigadeebene ist dies in der Regel eine Artillerieabteilung (Bataillon). Diese setzt sich aus bis zu drei Geschützbatterien und einer Batterie Mehrfachraketenwerfer zusammen. Außerdem verfügt jedes Schützen-/Panzerbataillon über eine eigene Batterie Rohr- oder Raketenartillerie. Die amphibischen Brigaden und die Gebirgsbrigaden sind ähnlich ausgestattet. Darüber hinaus gibt es selbstständige Artilleriebrigaden, die in bestimmten Zonen die dortigen Truppen quantitativ und qualitativ verstärken. Die Artilleriebrigade der im Wachsen begriffenen schnellen Eingreiftruppen der VBA verfügt über vier Artillerieabteilungen mit Panzerhaubitzen und eine Panzerabwehrabteilung mit Selbstfahrlafetten.

Nach der Militärreform 2017 verteilte sich die Artillerie der VBA wie folgt: Jede der 13 Armeen (Armeegruppen) sowie die Militärbezirke Xinjiang und Tibet verfügen über je eine Artilleriebrigade

* Diese Zahl scheint dem Bearbeiter etwas tief gegriffen und die Kaliberpalette unvollständig. Die Granatwerfer werden in Band 3 über die chinesischen Infanteriewaffen vorgestellt.

(Nummern 71 bis 85). Die Brigade setzt sich aus zwei Abteilungen Panzerhaubitzen PLZ-52 (18 je Abteilung), zwei Abteilungen Radhaubitzen SH-5 (PCL-181) (ebenfalls je 18) und zwei Abteilungen 300-mm-Mehrfachraketenwerfern PHL-03 (12 je Abteilung) zusammen. Die 155-mm-Radhaubitzen SH-5 (PCL-181) ersetzten die gezogenen 152-mm-Kanonen Typ 66 und die 300-mm-Mehrfachraketenwerfer PHL-03 die 122-mm-Werfer Typ 81. Allerdings gibt es Ausnahmen. So erhielten bzw. behielten die 71. Brigade des Ostkommandos, die 77. Brigade des Westkommandos, die 80. Brigade des Nordkommandos, die 83. Brigade des Zentralkommandos sowie die 84. Brigade in Tibet keine 155-mm-Panzerhaubitzen PLZ-52. All diese Brigaden verfügen über moderne 155-mm-Radhaubitzen SH-5 (PCL-181) und gezogene 152-mm-Kanonenhaubitzen Typ 66. In der 76. Brigade des Militärbezirks West ist der Typ 66 noch nicht durch SH-5 (PCL-181) ersetzt worden. In der 77., 80. und 83. Brigade verbleibt neben der Werferateilung Typ PHL-03 (300 mm) die Werferabteilung 122 mm Typ 81 (18 Fahrzeuge). In der 71. und 72. Brigade des Militärbezirks Ost und der 74. Brigade des Militärbezirks Süd wurde hingegen eine der 300-mm-Werferabteilungen PHL-03 bereits durch 300-mm-/370-mm PHL-16 ersetzt. Darüber hinaus wurde die 155-mm-Radhaubitze SH-5 (PCL-181) an die Artillerieregimenter aller vier Divisionen des Militärbezirks Xinjiang geliefert. Die gemischten VBA-Brigaden verfügen über je eine Artillerieabteilung sowie in den Bataillonen über je eine Artilleriebatterie (vier Bataillone je gemischte Brigade). Die Artillerieabteilung einer schweren Brigade (es gibt derzeit 29) verfügt über drei Batterien 122-mm-Panzerhaubitzen (Typ 89 und/oder Typ 07) und eine Batterie 122-mm-Mehrfachraketenwerfer PZH-10/11 mit neun Fahrzeugen.

Die Zusammensetzung der Artillerieabteilungen der sechs amphibischen Brigaden des Heeres ist ähnlich (122-mm-Haubitze Typ 07B, 122-mm-Mehrfachraketenwerfer Typ 81 oder Typ 89). Die Artillerieabteilungen der Marineinfanteriebrigaden (ebenfalls

152-mm-Haubitze Typ 66 wird in Feuerstellung gebracht.

Batterie 155-mm-Panzerhaubitzen PLZ-52 bei einer Vorführung.

sechs) verfügen offenbar über keine Mehrfachraketenwerfer, sondern nur über 122-mm-Panzerhaubitzen PLZ-07B. Die Artillerieabteilungen der 22 mittleren Brigaden verfügen über je drei Batterien 122-mm-Radpanzerhaubitzen PLL-09 (je acht bis neun Fahrzeuge) und eine Batterie 122-mm-Mehrfachraketenwerfer Typ 81 oder 300 mm PHL-11 (ebenfalls acht bis neun Fahrzeuge). Einige schwere und mittlere Brigaden müssen noch mit gezogenen Geschützen Typ 66 (152 mm) und Typ 96 (122 mm) auskommen. Die gemischten Bataillone der schweren und mittleren Brigaden verfügen über je sechs bis neun selbstfahrende 120-mm-Mörser PLL-09.

Die insgesamt 20 leichten Brigaden, fünf Gebirgsbrigaden und sechs Luftlandebrigaden (zu den Luftstreitkräften gehörend) sind mit 122-mm-Radhaubitzen PCL-09/161/171, gezogenen 122.mm-Haubitzen Typ 96, Mehrfachraketenwerfen Typ 63 (107 mm), Typ 81 (122 mm) und PHZ-11 (122 mm) sowie 82- und 120-mm-Mörsern bewaffnet. Die Zusammensetzung dieser Brigaden ist sehr unterschiedlich.

Die genaue Zusammensetzung der zehn Küstenschutzbrigaden der VBA ist nicht bekannt, aber offenbar verwenden sie überwiegend noch veraltete Schleppgeschütze, vor allem der Typen 59-1 (130 mm) und 66 (152 mm). Mindestens eine Küstenschutzbrigade im östlichen Militärbezirk hat aber bereits 155-mm-Panzerhaubitzen PLZ-52 und 300-mm-Mehrfachraketenwerfer PHL-03 erhalten.

Dann verfügt die VBA noch über zahlreiche Reservedivisionen und -brigaden (darunter beispielsweise die aus fünf Regimentern bestehende Pekinger Garnisons-Reserve-Artilleriedivision). In ihnen konzentrieren sich die meisten älteren gezogenen Geschütze, Selbstfahrlafetten und Mehrfachraketenwerfer. Grundsätzlich führt die VBA nur einen kleinen Teil des von aktiven Verbänden ausgemusterten Geräts der Entsorgung zu.

Ein Großteil der auf sowjetischen Geschützen aufbauenden chinesischen Artillerie weist die Kaliber 122 und 152 mm auf bei einer Höchstschussweite von 25 km (Sondergeschosse ausgenommen). Dabei hatten die NATO-Staaten bereits in den 1990er-Jahren das so genannte *Joint Ballistics Memorandum of Understanding (JB-MOU*; Gemeinsames Ballistik-Abkommen) verabschiedet. Es schrieb für ihre 155-mm-Geschütze eine Höchstschussweite von mindestens 30 km bei Spreng-/Splittergranaten und 40 km bei reichweitengesteigerten Geschossen vor. Dies machte sich für die ukrainische Artillerie mit westlichen Geschützlieferungen nach Beginn der russischen „Sonderoperation" 2022 bezahlt. Die westlichen 155-mm-Geschütze wiesen eine deutlich höhere Schussweite als die russischen vergleichbarer Kaliber auf, was der ukrainischen Artillerie einen erheblichen taktischen Vorteil verschaffte. Der nützte ihr zwar auf längere Sicht wenig, aber immerhin konnte sie Ziele bekämpfen, die außerhalb der

122-mm-Mehrfachraketenwerfer Typ 89 beim Feuern.

Reichweite der ukrainischen Geschütze sowjetischer Herkunft lagen, oder umgekehrt, der russischen Artillerie gelegen hätten. Das JB-MOU und die Vorgänge in der Ukraine blieben den Chinesen natürlich nicht verborgen und sie begannen ihre 122-mm- und 152-mm-Geschütze durch 155-mm-Kanonen mit größerer Schussweite zu ersetzen.

Der Entwicklung von Mehrfachraketenwerfern widmete die VBA besondere Aufmerksamkeit. Immerhin gelten die Chinesen ja als Erfinder der Pulverrakete: schon zu Zeiten der mittelalterlichen Song-Dynastie (960–1279 n. Chr.) setzten sie massenweise Raketen ein, und keinesfalls nur bei lustbaren Feuerwerken. So vertrieben etwa die Verteidiger der Stadt Kai-Fung-Fu 1232 die belagernden Mongolen mit „Pfeilen fliegenden Feuers". Im Zeitalter der Hochtechnologie mussten sie allerdings ganz von vorn anfangen und Anleihen bei fremden Nationen nehmen. Inzwischen hat die VR China, was das technische Niveau dieser Waffen angeht, vielleicht nicht nur mit den führenden Ländern, die Waffen und militärische Ausrüstung herstellen, gleichgezogen, sondern sie in vielen Bereichen sogar übertroffen. Als Paradebeispiel mag der 400-mm-Mehrfachraketenwerfer WS-2 gelten, der es mit 400 km auf die höchste Schussweite bei Werferraketen weltweit bringt.

Zur Baureihe chinesischer Mehrfachraketenwerfer gehört des Weiteren der schwere 300-mm-Werfer PHL-03 mit 10 Raketen nach Vorbild des sowjetisch-russischen 12-geschossigen 9K58 „Smertsch". Dieses System umfasst einen Werfer und ein Transportfahrzeug auf dem Fahrgestell eines schweren 8 x 8-Lkw WS-2400, der dem sowjetischen Fahrzeug MAS-543 nachempfunden ist, sowie ein Feuerleitfahrzeug auf dem Fahrgestell eines dreiachsigen Lkw mit Rechen- sowie Satellitennavigationsanlage. Er ist für den Abschuss von drallstabilisierten Raketen mit Spreng-/Splitter- und Streugefechtsköpfen etwa mit Hohlladungen ausgelegt. Darüber hinaus hat China lenkbare Langstreckenraketen für den Start aus diesen Mehrfachraketenwerfern entwickelt. Nach Angaben des Entwicklers Norinco konnte die Höchstschussweite der neuesten Version des Systems PHL-03 auf 150 km erhöht werden. Der PHL-03 basiert auf den Mehrfachraketenwerfern AR-1A und AR-3, die über acht bzw. zehn Abschussrohre für 300-mm- bzw. 370-mm-Raketen verfügen und nach chinesischen Angaben Ziele auf bis zu 220 km bekämpfen können. Im Rahmen der laufenden Modernisierung verfolgt die VBA das Ziel, die Artillerie verstärkt zu einer Gattung mit Fernkampf- und Aufklärungsfähigkeit zu erweitern. Dazu sollen vor allem fortschrittliche taktische Raketensysteme mit erhöhter Schussweite und Genauigkeit, Mehrfachraketenwerfer mit automatischer Ziel- und Flugbahnkorrektur sowie Panzerhaubitzen mit erhöhter Schussfolge und Feuerkraft beitragen. Die Aufklärungskomponente soll Raumfahrtsysteme, Aufklärungsflugzeuge, unbemannte Luftfahrzeuge (Drohnen) und andere Mittel umfassen, die Ziele nahezu in Echtzeit und mit hoher Genauigkeit erfassen, identifizieren oder auf andere Weise zur Feuerleitung beitragen. Raketen- und Rohrartillerie der VBA verfügen bereits über Drohnen verschiedener Typen und Zwecke.

Einen weiteren Schwerpunkt legte die VBA-Führung auf die Verstärkung der Luftverteidigung und Truppen-Luftabwehr mit modernen Flugabwehrraketen und selbstfahrenden Flugabwehrkanonen. Die gezogenen Flugabwehrkanonen aus Zeiten des Kalten Krieges rückten mittlerweile großteils in die Reserve. Die Truppen-Luftabwehr der aktiven Verbände konzentriert sich in eigenen Flugabwehrbrigaden. Im Unterschied zu anderen Streitkräften setzt die chinesische Flugabwehr neben Raketen nach wie vor auf kleinkalibrige, schnell feuernde Flugabwehrkanonen. Unter Beibehalt eines Teils des in den 1970er- und 1980er-Jahren eingeführten Flugabwehrkanonen-Parks entwickelt China Fla-Geschütze, die die neuesten Fortschritte bei Radar und Optoelektronik nutzen. Das chinesische Militär ist der Ansicht, dass radar- und passiv-optoelektronisch gesteuerte Schnellfeuerkanonen im Falle eines größeren Konflikts widerstandsfähiger gegenüber elektronischer Kriegsführung (EW) sind als gelenkte Fla-Raketen, insbesondere bei der Abwehr von Luftangriffen in geringer Höhe. Außerdem sind Artilleriegeschosse und Kanonen deutlich kostengünstiger in der Herstellung, weniger störanfällig und weit weniger wartungsintensiv als Flugabwehrraketen und ihre Systeme. Des Weiteren eignen sich gezogene und selbstfahrende Flugabwehrkanonen auch zur Bekämpfung von Bodenzielen. Die chinesische Standard-Luftabwehrbrigade setzt sich aus sechs Abteilungen zusammen: zwei selbstfahrenden Boden-Luft-Raketenabteilungen (HQ-16, HQ-12, HQ-7 oder HQ-6D), zwei Fla-Artillerieabteilungen mit gezogenen 100-mm-, 57-mm- und 35-mm-Geschützen und zwei Fla-Artillerieabteilungen mit gezogenen 25-mm-Geschützen. Westlichen Schätzungen zufolge verfügt die VR China, einschließlich der Lagerbestände, über insgesamt rund 7000 Fla-Geschütze der Kaliber 25, 35, 37, 57 und 100 mm. Etwa 3000 selbstfahrende und gezogene Flugabwehrkanonen hauptsächlich der Kaliber 25, 35 und 57 mm stehen bei aktiven Verbänden in Verwendung.

Schwerer 300-mm-Mehrfachraketenwerfer PHL-03 beim Feuern.

GEZOGENE GESCHÜTZE

76,2-mm-Kanone Typ 54 (SIS-3)

In den frühen 1950er-Jahren begannen chinesische Fabriken mit sowjetischer Unterstützung mit dem Bau einer Reihe von Geschützen unterschiedlicher Kaliber, die alle die Bezeichnung Typ 54 erhielten. Dazu gehörte die 76,2-mm-Kanone Typ 54, ein lizenzierter Nachbau des sowjetischen Divisionsgeschützes M1942 oder SIS-3 (dessen Herstellerwerk Nr. 92 wurde 1941 in Stalin-Werk umbenannt: *Sawod Imeni Stalina* (SIS)). Der Typ 54 ging hauptsächlich an die Geschützbatterien der VBA-Schützenregimenter, aber auch an einige Artillerieabteilungen motorisierter Schützendivisionen. Wie seine Bauvorlage. die Kanone SIS-3, verfügte der Typ 54 über einen vertikalen halbautomatischen Keilverschluss (Fallblock-Verschluss) sowie einen Mechanismus zum Ausziehen der Hülse. Der Dämpfung des Rückstoßes dienten die Rückstoßbremse in einem Zylinder über dem Rohr sowie die ausgeprägte Zweikammer-Mündungsbremse. Die Verwendung von Schraubenfedern für die Spreizholmlafette und die Gummibereifung erlaubten eine vergleichsweise hohe Marschgeschwindigkeit. Ursprünglich als leichtes Feldgeschütz konstruiert, ließ sich die SIS-3 aufgrund der hohen Mündungsgeschwindigkeit auch zur Panzerabwehr einsetzen. Von deutschen Soldaten bekam das Geschütz den Namen „Ratsch-Bumm“. Als Munition standen Sprengbrand-, Panzer- und weitere Granaten zur Verfügung, weshalb sich die SIS-3 und nach ihr der Typ 54 vielseitig einsetzen ließen. Die Höchstschussweite der Sprenggranate OF-350 lag bei 13.290 m. Die Direktschussweite

Munition für die 76,2-mm-Kanone Typ 54.

Kanone Typ 54 im Einsatz bei den „Chinesischen Volksfreiwilligen“ während des Koreakrieges.

76,2-mm-Kanone Typ 54.

Seitendarstellung 76,2-mm-Kanone Typ 54.

mit Sprenggranaten und Panzergranaten lag bei 820 m (bei 2 m Zielhöhe). Die Sprenggranate zerlegte in 870 Splitter, die in 15 m Umkreis tödlich wirkten. Die Panzergranate durchschlug auf 500 m bei Auftreffwinkel 90° noch 70 mm Panzerstahl. In der Anfangsphase des Koreakriegs (1950–1953), als die chinesischen „Volksfreiwilligen" häufig Typ 54-Geschütze zur Panzerabwehr einsetzten, reichten diese aus, um mittlere US-Kampfpanzer M4 „Sherman" abzuschießen. Die Frontpanzerungen der schweren M26 „Pershing", M46 „Patton" und „Centurion" Mk.3 widerstanden der Typ-54-Panzergranate jedoch. Die unzureichende Durchschlagsleistung des Wuchtgeschosses ließ sich andererseits mit der Hohlladungsgranate wieder ausgleichen, die bei rechtwinkligem Auftreffen bis zu 90 mm Panzerung durchschlug. Dennoch wurden die Geschütze Typ 54 gegen Ende des Koreakrieges hauptsächlich in ihrem ursprünglichen Verwendungszweck als Feldgeschütze zum indirekten Beschuss klassischer Artilleriezeile wie Stellungen, Feldbefestigungen oder Feindtruppen eingesetzt. Nach dem Koreakrieg standen sie noch lange Zeit bei der VBA in Verwendung; eine große Anzahl exportierten die Chinesen nach Südostasien und Afrika. Aus den aktiven Verbänden ist der Typ 54 längst verschwunden, vielleicht mit Ausnahme einiger Übungsgeschütze zu Ausbildungszwecken. Die meisten aber befinden sich zur Langzeitlagerung gut versteckt in Depots und werden eines fernen Tages vielleicht, wie seinerzeit die „Armee der Tonkrieger", von Archäologen wieder entdeckt...

Technische Angaben 76,2-mm-Kanone Typ 54	
Kaliber, mm	76,2
Anfangsgeschwindigkeit, m/sec	680
Höhenrichtbereich, Grad	–2/+37
Seitenrichtbereich, Grad	54
Gewicht in Feuerstellung, kg	1200
Gewicht in Fahrstellung, kg	1850
Feuergeschwindigkeit, S/min	bis zu 25
Höchstschussweite, m	13.290
Direktschussweite, m	820
Panzerdurchschlag auf 500 m bei 90°	70
Geschossgewicht, kg	3,02–6,50

Batterie sowjetischer 76,2-mm-Kanonen Typ 54 (SIS-3) in offener Feuerstellung.

122-mm-Haubitze Typ 54 (M-30)

Das erste in China hergestellte Geschütz mit einem Kaliber über 100 mm war eine exakte Kopie der sowjetischen 122-mm-Haubitze M1938 (M-30) von 1938. Chinesische Fabriken begannen Anfang der 1950er-Jahre unter sowjetischer Lizenz mit der Fertigung des Geschützes, das nun die Bezeichnung Typ 54 trug. Die Haubitze besaß ein Mantelrohr mit Schraubenverschluss und unterbrochenem Gewinde. Der Verschluss wurde über einen Hebel und einen Schwenkmechanismus verriegelt bzw. entriegelt und geöffnet. Nach dem Schuss warf der Verschluss beim Öffnen die leere Kartuschhülse automatisch aus. So ließ sich eine Schussfolge von 5 bis 6 Schuss pro Minute erreichen. Die Lafette umfasste eine Wiege, eine hydraulische Rückholvorrichtung, einen oberen Teil mit Höhen- und Seitenrichtmaschine sowie Visiereinrichtung, dazu die Unterlafette mit den beiden Lafettenholmen, den Rädern samt Federung sowie den Schutzschild. Der Höhenrichtbereich reichte von –3° bis +63°30'; der Seitenrichtbereich lag bei 49°. In der Regel wurde die Haubitze mit gespreiztem Lafettenholmen abgefeuert. Im Falle eines plötzlichen Angriffs oder wenn das Gelände keine Spreizung der Holme zuließ, konnte auch mit geschlossenem Lafettenschwanz gefeuert werden. In diesem Fall betrug der Seitenrichtbereich lediglich 1°30'. Beim Auseinanderspreizen und Wiederzusammenlegen der Lafettenholme wurden die Lamellenfedern der Lafette automatisch aus- und eingeschaltet. In der gespreizten Position verriegelten die beiden Hälften des Lafettenschwanzes automatisch. Dank dieser Eigenschaften dauerte der Übergang von der Fahr- in die Feuerstellung nur 1–1,5 Minuten. Der Typ 54 arbeitete wie die M-30 mit getrennten Ladungen und verschoss hauptsächlich die Sprenggranaten OF-462 (mit Zünder RGM-2, D-1, RGM), O-462A (mit Zünder RGM-2, D-1, RGM) und 0-460A (mit Zünder RGM-2, D-1,

Technische Angaben 122-mm-Haubitze Typ 54	
Kaliber, mm	122
Anfangsgeschwindigkeit, m/sec	515
Höhenrichtbereich, Grad	–3/+63,5
Seitenrichtbereich, Grad	49
Gewicht in Feuerstellung, kg	2450
Gewicht in Fahrstellung, kg	3100
Feuergeschwindigkeit, S/min	5–6
Höchstschussweite, m	11.800
Direktschussweite, m	825
Gewicht der Sprenggranate, kg	21,76
Geschossgewicht, kg	3,02–6,50

Sprenggranaten mit aufgeschraubten Zündern für die 122-mm-Haubitze Typ 54.

122-mm-Haubitze Typ 54, Ansicht von links.

Seitendarstellung 122-mm-Haubitze Typ 54.

RGM), die panzerbrechende Hohlladungsgranate BP-460A (mit Zünder B-229) sowie die Nebelgranaten D-462 (mit Zünder KTM-2 und KT-2) und D-462A (mit Zünder RGM-2). Diese Geschosse ließen sich im Übrigen von allen chinesischen 122-mm-Geschützen verschießen. Im Schlepp hinter einem Zugfahrzeug konnte die 122-mm-Haubitze Typ 54 auf guten Straßen bis zu 50 km/h erreichen, auf Kopfsteinpflaster und Landstraßen bis zu 35 km/h. Neben dem Typ 54 bauten die Chinesen mit dem Typ 54-1 eine etwas vereinfachte Version, die ein paar Konstruktionsunterschiede aufwies. Die 122-mm-Haubitzen Typ 54 und 54-1 standen jahrzehntelang bei den Artillerieregimentern der Schützendivisionen in Dienst, wurden dort aber fast durchgängig durch neue Geschütztypen ersetzt. Einige Typ 54 sind noch bei Küsten- und Territorialbrigaden anzutreffen.

Bis Anfang der 1970er-Jahre stellte die 122-mm-Haubitze Typ 54 das wichtigste Artilleriegeschütz der rotchinesischen Schützendivisionen dar.

122-mm-Haubitze Typ 54, Ansicht von rechts.

122-mm-Haubitze Typ 86 und Typ 96 (D-30)

Die Artillerieabteilungen der Marineinfanterie-, Luftlande- und Gebirgsbrigaden der VBA waren lange Zeit mit 122-mm-Haubitzen Typ 86 und ihrer verbesserten Version Typ 96 bewaffnet und sind es teilweise noch heute. Berichten zufolge stehen etwa 500 Geschütze dieser Modelle in Verwendung und weitere 2800 sind eingelagert. Es handelt sich um den Nachbau einer sowjetischen 122-mm-Haubitze D-30, die Mitte der 1980er-Jahre von einem Land der Dritten Welt an die VR China geliefert worden war. Die sowjetische D-30, die Anfang der 1960er-Jahre erstmals auftauchte, beruhte unverkennbar auf deutschen Entwicklungen für die Wehrmacht, darunter die Dreiholmlafette, mit der sich die Waffe bei niedriger Rohrerhöhung rasch um 360° schwenken lässt, ohne dass die Lafettenstützen umgesetzt werden müssten. Beim Übergang in die Feuerstellung setzt die Bedienung das Geschütz auf die Schießplattform der Unterlafette ab, hebt es hydraulisch an, bringt die Holme in 120°-Stellung zueinander und senkt das Geschütz wieder ab. Beim Übergang in die Marschlage werden die beiden beweglichen Spreizholme auf den festen dritten gelegt und an diesen das Rohr gekoppelt. Eine kurze Deichsel an der Mündung dient zum Schleppen des Geschützes. Zur Herstellung der Fahr- oder Feuerbereitschaft benötigt die fünf- bis siebenköpfige Bedienung nur etwa 1,5–2,5 Minuten. Die gefederten Räder ermöglichen es, die Haubitze mit hoher Geschwindigkeit zu ziehen, sowohl auf befestigten Straßen als auch im Gelände. Als Zugfahrzeug dient ein dreiachsiger Militär-Lkw. Von den Stückzahlen her stellte die D-30 eines der wichtigsten Rohrgeschütze des Ostblocks dar, das weithin exportiert und in zahlreichen Ländern in Lizenz nachgebaut wurde. So in China von der Firma Norinco, die dieses Geschütz nicht nur in Serie für die VBA fertigte, sondern auch für den Export. Die niedrige Feuerhöhe erlaubte auch die Verwendung als Pak. Das Rohr in 38 Kaliberlängen (L/38) erhielt eine wirksame Mehrkammer-Mündungsbremse, die bis zu 50 % der Rückstoßenergie absorbiert. Die hydropneumatische Rohrbremse, wie der Vorholer über dem Rohr angeordnet, tut ein Übriges. Die D-30/Typ 86/Typ 96 lädt über einen halbautomatischen Fallkeilverschluss mit einer Sicherung, die verhindert, dass beim Laden mit großer Rohrerhöhung Geschoss oder Kartuschhülse herausfallen. Der Höhenrichtbereich reicht von –7° bis immerhin +70°; bis 22° lässt sich das Geschütz rundum schwenken. Über 22° Rohrerhöhung kommt der Verschluss mit den Lafettenholmen in Konflikt, wobei der Schwenkbereich immer noch bei 120° liegt, was für das indirekte Schießen in

122-mm-Haubitzen Typ 86 im Schlepp bei einer Parade.

122-mm-Haubitze Typ 86 in Schießstellung, Ansicht von links.

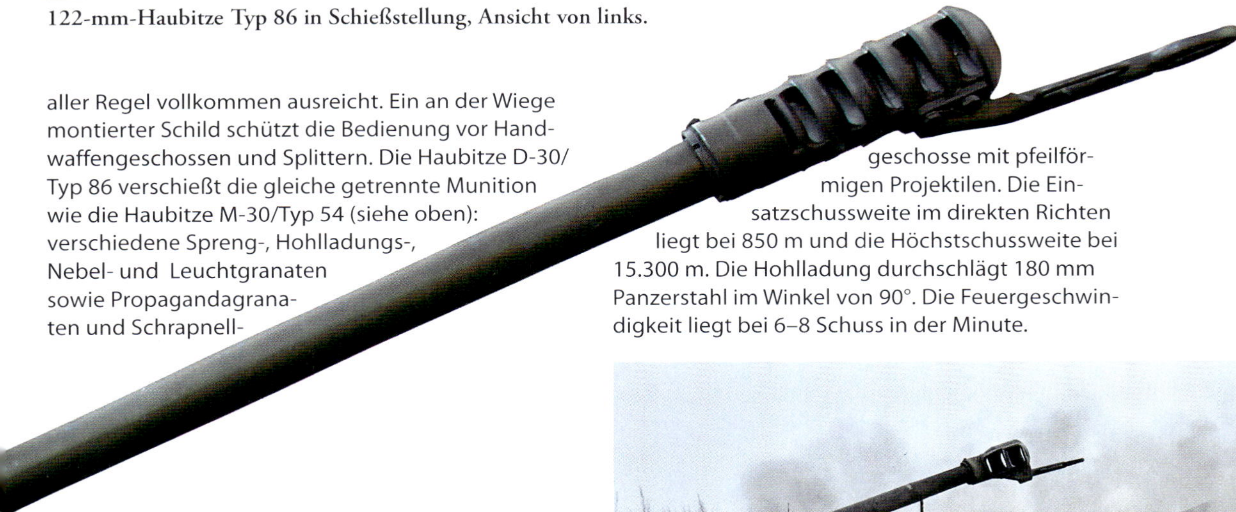

aller Regel vollkommen ausreicht. Ein an der Wiege montierter Schild schützt die Bedienung vor Handwaffengeschossen und Splittern. Die Haubitze D-30/Typ 86 verschießt die gleiche getrennte Munition wie die Haubitze M-30/Typ 54 (siehe oben): verschiedene Spreng-, Hohlladungs-, Nebel- und Leuchtgranaten sowie Propagandagranaten und Schrapnellgeschosse mit pfeilförmigen Projektilen. Die Einsatzschussweite im direkten Richten liegt bei 850 m und die Höchstschussweite bei 15.300 m. Die Hohlladung durchschlägt 180 mm Panzerstahl im Winkel von 90°. Die Feuergeschwindigkeit liegt bei 6–8 Schuss in der Minute.

122-mm-Haubitzen Typ 86 beim Schießen auf einem Übungsplatz. Man beachte die Menge leerer Kartuschhülsen neben den Geschützen.

Technische Angaben
122-mm-Haubitze Typ 96

Kaliber, mm	122
Rohrlänge, Kaliber	L/38
Bedienung	5
Gewicht in Feuerstellung, kg	3200
Anfangsgeschwindigkeit, m/sec	690
Geschossgewicht, kg	14,08–21,76
Höchstschussweite, m	15.300
Feuergeschwindigkeit, S/min	6–8
Höhenrichtbereich, Grad	–7/+70
Seitenrichtbereich, Grad	360
Länge in Marschlage, m	5,40
Breite in Marschlage, m	1,95

122-mm-Haubitze Typ 86 in Schießstellung, Ansicht von rechts.

122-mm-Kanone Typ 60 (D-74)

Einzelne VBA-Artilleriebrigaden verfügen noch über Abteilungen mit 122-mm-Kanonen Typ 60 zu drei Batterien mit je sechs Geschützen. Der Typ 60 gilt als veraltet und wurde bzw. wird durch Panzerhaubitzen ersetzt. Es handelt sich um einen Nachbau der Anfang der 1950er-Jahre entwickelten sowjetischen Feldkanone D-74, welche die UdSSR großteils exportierte und die Chinesen offensichtlich so beeindruckte, dass sie das Geschütz als 122-mm-Kanone Typ 60 nachbauten. Das 52 Kaliber lange Vollrohr – immerhin 6,45 m – erhielt eine Zweikammer-Mündungsbremse. Hinten am Bodenstück schließt sich die Ladungskammer mit dem halbautomatischen Fallblockverschluss an. Die hydropneumatische Rohrbremse und der Vorholer sind über dem Rohr angeordnet. Die Erdsporne der zweiholmigen Spreizlafette leiten die übrigen Rückstoßkräfte in den Boden ab. Der Waffenteil der D-74/Typ 60 lagert im Übrigen in der gleichen Lafette wie die 152-mm-Kanonenhaubitze D-20/Typ 66 (siehe dort) und weist daher auch die vorn an der Unterlafette angebrachte Klappstütze auf. Darauf lässt sich das Geschütz relativ rasch und einfach um 360° schwenken, wozu auch die Klappräder an den Lafettenholmen beitragen. Der Schwenkbereich ohne Veränderung der Lafettenposition liegt bei 58° und der Höhenrichtbereich zwischen –5° und +45°. Ein kleiner Schutzschild soll die Bedienung vor Handwaffenfeuer und Granatsplittern abschirmen. Die Kanone verschießt die gleichen Geschosse wie andere 122-mm-Geschütze, verwendet allerdings halbgetrennte Munition mit einer Messingkartusche, welche die Teilladungen (Treibladungsbeutel) aufnimmt. Die Kartuschen werden auf die Granaten aufgesteckt. Die hauptsächlichen Geschosse stellen Spreng- und panzerbrechende Granaten dar. Die Höchstschussweite der 27,3 kg schweren Sprenggranate beträgt 24.000 m. Das 25 kg schwere panzerbrechende Leuchtspurgeschoss mit ballistischer

Technische Angaben 122-mm-Kanone Typ 60	
Kaliber, mm	122
Rohrlänge, Kaliber	L/52
Bedienung	10
Gewicht in Feuerstellung, kg	5500
Anfangsgeschwindigkeit, m/sec	885
Geschossgewicht, kg	25,0–27,3
Höchstschussweite, m	24.000
Feuergeschwindigkeit, S/min	6–7
Höhenrichtbereich, Grad	–5 /+45
Seitenrichtbereich, Grad	58
Länge in Marschlage, m	9,88
Breite in Marschlage, m	2,35

122-mm-Kanone Typ 60 (D-74).

122-mm-Kanonen Typ 60 im Schlepp ihrer Zugfahrzeuge während einer Parade. Die zehnköpfige Bedienung auf der Ladefläche wurde durch zusätzliche Soldaten „aufgefüllt", damit es besser aussieht. Außerdem bekommen Feldküchen- und Schreibstubenpersonal oder die „Mottenheinriche" der Bekleidungskammer so auch einmal Gelegenheit, an einer Parade teilzunehmen.

Spitze durchlägt auf 1000 m bis zu 185 mm Panzerstahl. Die Feuergeschwindigkeit liegt bei 6–7 S/min. Die gefederte Lafette ermöglicht ein Ziehen des Geschützes mit relativ hoher Geschwindigkeit. Die erfolgreiche Konstruktion der Lafette D-74 nutzten sowjetische Ingenieure auch für die 152-mm-Haubitze D-20. Beide Geschütze bildeten zusammen als Korpskanonen den so genannte „Korps-Duplex".

122-mm-Kanone Typ 60, Ansicht von vorn. Man beachte die Klappstütze (Schießpilz) an der Unterlafette.

130-mm-Kanone Typ 59 (M-46)

Bei einzelnen Artilleriebrigaden der VBA kann man immer noch einige der 234 beschafften Kanonen Typ 59 und Typ 59-1 antreffen. Das 130-mm-Flachfeuergeschütz beruht auf dem sowjetischen 130-mm-Geschütz M-46, das die Chinesen ab 1959 in ihrer Artilleriefabrik Nr. 127 nachzubauen und zu erproben begannen, bevor es die VBA übernahm. Der modifizierte Typ 59-1 folgte Anfang der 1970er-Jahre. Die Sowjets wählten für das M-46 das bei den Landstreitkräften kaum vertretene und daher ungewöhnliche Kaliber 130 mm, das hauptsächlich bei Schiffsgeschützen vorkam. Die Wahl des „Marine"-Kalibers in Verbindung mit einer Rohrlänge von etwa L/58 ermöglichte es, eine Kanone mit einer für die Feldartillerie jener Jahre sehr hohen Schussweite – bis zu 27.150 m – zu bauen. Tatsächlich zählte die M-46 weltweit zu den Feldgeschützen mit der höchsten Schussweite. Chinesische Ingenieure setzten später noch eins drauf und entwickelten für den Typ 59 ein reichweitengesteigertes Vollkalibergeschoss mit Bodensog-reduzierendem Glimmsatz (ERFB-BB; *Extended Range Full Bore – Base Bleed*), mit dem sich Schussweiten bis zu 38.000 m erzielen ließen. Daher sollte der Typ 59, ganz wie sein sowjetisches Vorbild, vor allem feindliche Artillerie und rückwärtige Ziele wie Eisenbahnknotenpunkte, Truppenkonzentrationen, Stabsquartiere usw. bekämpfen. Der Höhenrichtbereich beträgt –2,2°/+45°, der Seitenrichtbereich 50°. Das Rohr verfügt über eine gelochte Mündungsbremse („Pfefferstreuer") und das Bodenstück mit Kammer über einen seitlichen Keilverschluss, der beim Typ 59-1 einem halbautomatischen vertikalen Keilverschluss (Fallblockverschluss) wich. Die hydraulische Rohrbremse und der hydropneutmatische Rohrvorholer sind oberhalb des Rohres angeordnet. Ein an der Oberlafette montierter Schild soll die Bedienung vor Splittern und Handwaffengeschossen schützen. Das beträchtliche Gewicht in Feuerstellung von 7700 kg – über zwei Tonnen mehr als die 122-mm-Kanone

Technische Angaben 130-mm-Kanone Typ 59	
Kaliber, mm	130
Rohrlänge, Kaliber	L/58
Bedienung	9
Gewicht in Feuerstellung, kg	7700
Anfangsgeschwindigkeit, m/sec	930
Geschossgewicht, kg	33,4
Höchstschussweite, m	27.150
Feuergeschwindigkeit, S/min	7-8
Höhenrichtbereich, Grad	–2,2/+45
Seitenrichtbereich, Grad	50
Länge in Marschlage, m	11,73
Breite in Marschlage, m	2,45

130-mm-Kanone Typ 59 mit höchster Rohrerhöhung. Das Modell zählte seinerzeit zu den Feldgeschützen mit der höchsten Schussweite.

130-mm-Kanone Typ 59 (M-46).

Typ-60 (siehe oben) und über eine Tonne mehr als die 152-mm-Kanonenhaubitze Typ 66 (siehe unten) – ergibt sich u. a. aus der massigen Spreizlafette mit Erdspornen, die beim Marsch auf eine zweirädrige Protze angewiesen ist. Der Schleppzug erfolgt bei zurückgezogenem Rohr durch Kettenschlepper und geländegängige 6 x 6-Lkw. Das mächtige, 7,6 m lange Rohr samt Wiege, Rohrvorholer und Rohrbremse trägt weiter zur hohen Masse bei. Der Typ 59-1 verzichtete auf die Protze und übernahm die Lafette der 122-mm-Kanone Typ 60 (siehe oben), was nicht nur die Masse auf 6,3 t verringerte und die Beweglichkeit erhöhte, sondern auch die Zeit zum Instellunggehen bzw. zum Übergang in Marschlage verkürzte. Eine in die Lafette integrierte, absenkbare Bodenplatte verschaffte dem Typ 59-1 zudem die Möglichkeit zum Rundumfeuer. Die getrennte Munition für das 130-mm-Geschütz besteht vorwiegend aus Sprenggranaten mit verstärkter Splitterbildung sowie panzerbrechenden Geschossen, ergänzt um Nebel-, Leucht- und chemische Granaten.

Die Höchstschussweite der 33,4 kg schweren Sprenggranate (Mündungsgeschwindigkeit 930 m/sec) beträgt 27.150 m. Im Schleppzug kann das Geschütz auf guten Straßen bis zu 50 km/h Marschgeschwindigkeit erreichen. Im Gelände, bei weichen Böden, Sand oder Tiefschnee verringert sich die Zuggeschwindigkeit auf 10–20 km/h.

130-mm-Kanonen Typ 59 in Feuerstellung.

130-mm-Kanone Typ 59 im Augenblick des Abschusses. Man beachte die links abgelegte Protze und die neunköpfige Bedienung, die nach britischer Manier abkniet – ungewöhnlich für chinesische Artilleristen; Salut vielleicht ausgenommen.

152-mm-Haubitze Typ 54 (D-1)

Einige rotchinesische Artilleriebrigaden verfügen noch über 152-mm-Haubitzen Typ 54. Im Jahr 2017 belief sich ihre Zahl zusammen mit den neueren 152-mm-Haubitzen Typ 66 auf insgesamt 2106 Stück. Bei der 152-mm-Haubitze Typ 54 handelt es sich um einen lizenzierten Nachbau der sowjetischen 152-mm-Haubitze M1943 (D-1). Sie entstand während des 2. Weltkriegs, als die Rote Armee ab 1943 vermehrt in die Offensive ging und Bedarf an einer leistungsfähigen, aber dennoch leichten und beweglichen Waffe Kaliber 152 mm anmeldete. Um die Entwicklung zu verkürzen, legte das Konstruktionsbüro unter F. F. Petrow das mit einer Mündungsbremse versehene Rohr der 152-mm-Haubitze M1938 (M-10) in die verstärkte Lafette der 122-mm-Haubitze M-30 (siehe dort) ein. Der Schraubenverschluss und das so genannte unabhängige Zeigerzielvisier mit Trommelaufsatz stammten von der 152-mm-Haubitze M1937 (ML-20). Letztlich kam

Technische Angaben 152-mm-Haubitze Typ 54	
Kaliber, mm	152
Anfangsgeschwindigkeit, m/sec	885
Höhenrichtbereich, Grad	–3/+63,5
Seitenrichtbereich, Grad	35
Gewicht in Feuerstellung, kg	3600
Gewicht in Fahrstellung, kg	3640
Feuergeschwindigkeit, S/min	3-4
Höchstschussweite, m	12.400
Gewicht der Sprenggranate, kg	40

152-mm-Haubitze Typ 54 (D-1), ein lizensierter Nachbau der sowjetischen 152-mm-Haubitze M1943.

ein höchst erfolgreiches Geschütz heraus, das fast eine Tonne weniger wog als die 152-mm-Haubitze M-10. Dank der übernommenen Bauteile dauerte der Bau von fünf Prototypen einschließlich Probebeschuss nur 18 Tage. Am 1. Mai 1943 gingen die Haubitzen in die weitere Erprobung nach Moskau und Ende Mai übernahm die Rote Armee das Geschütz unter der Bezeichnung 152-mm-Haubitze M1943 (D-1). Aufgrund der weitgehenden Vereinheitlichung der Baugruppen mit bereits vorhandenen Geschützen dauerte es nur anderthalb Monate, bis die Serienfertigung anlief und die D-1 im Juli 1943 dann bei Korpsartillerieregimentern und -abteilungen in Dienst gestellt wurde. Auch die Chinesen, die ja die 122-mm-Haubitze Typ 54 (M-30) bereits bauten, bewältigten die Aufnahme der Serienfertigung der 152-mm-Haubitze Typ 54 (D-1) recht zügig und problemlos. Die Munitionspalette umfasste Spreng-, panzerbrechende und Betongranaten*. Letztere ließen sich auch erfolgreich zur Panzerbekämpfung einsetzen. Die Höchstschussweite der Sprenggranate lag bei 12.400 m. Bei auf Aufschlag eingestelltem Zünder zerstreuten sich die Granatsplitter auf einer Fläche von 2100 m^2: 70 m in die Breite und bis zu 30 m in die Tiefe. Bei Einstellung auf Verzögerung bildete sich ein Granattrichter mit rund 3,5 m Durchmesser und bis zu 1,2 m Tiefe. Um die Beweglichkeit der Haubitze zu erhöhen, hatten die Konstrukteure der D-1 auf die sonst übliche Protze verzichtet. Dadurch ließ sich nicht nur das Gewicht des Geschützes in Fahrstellung, sondern auch die Zeit zum Instellunggehen auf etwa zwei 2 Minuten verringern. Da die Lafette der Haubitze M-30, die für die D-1 verwendet wurde, verstärkt wurde (insbesondere die Federung) und man größere Räder mit Moosgummi-gefüllten Reifen verwendete, ließ sich die Marschgeschwindigkeit im Schleppzug steigern. Die zulässige Höchstgeschwindigkeit der D-1/Typ 54 auf Asphalt oder guten Feldwegen betrug bis zu 40 km/h, auf Kopfsteinpflaster bis zu 30 km/h und im Gelände bis zu 10 km/h.

152-mm-Haubitze Typ 54.

Sprenggranate OF-530 für die 152-mm-Haubitze Typ 54.

* Der schweren Artillerie dienten so genannte Betongranaten zur Bekämpfung betonierter Stellungen, Forts und Panzerkuppeln. Sie sollten Stahlbeton-Decken oder -Wände durchdringen und erst dahinter ihre zerstörerische Sprengwirkung entfalten. Daher erhielten Betongranaten dickere Stahlwandungen als herkömmliche Spreng- oder Panzersprenggranaten, was sich in einer höheren Masse niederschlug.

152-mm-Haubitze Typ 54, Ansicht von schräg vorn.

152-mm-Kanonenhaubitze Typ 66 (D-20)

Von den etwa 2100 152-mm-Kanonenhaubitzen Typ 66 der rotchinesischen Artillerie standen bis vor kurzem noch rund 500 in Verwendung bei einzelnen Artilleriebrigaden, während etwa 1600 bereits eingelagert worden waren. Die Haubitze Typ 66 ist ein Nachbau der sowjetischen 152-mm-Haubitze D-20, die von den Artillerieregimentern der sowjetischen motorisierten Schützendivisionen verwendet wurde. Die D-20 übernahm die Lafette der 122-mm-Kanone D-74 (siehe dort). Dies trug zu einer kostengünstigeren Produktion beider Geschütze bei und ermöglichte es, mit ihnen als sogenanntem „Korps-Duplex" das Aufgabenspektrum der Korpsartillerie weitgehend abzudecken. Wenig überraschend übernahm der Typ 66 analog die Lafette der 122-mm-Kanone Typ 60 (wiederum ein Nachbau der sowjetischen D-74). Das 26 Kaliber (L/26) oder 5,2 m lange Vollrohr aus hochfestem Stahl weist eine Doppelkammer-Mündungsbremse und ein Bodenstück mit Ladungskammer und halbautomatischem Fallblockverschluss auf. Über dem Rohr befinden sich die beiden hydropneumatischen Rohrbremsen und der Vorholer. Ein an der Oberlafette angebrachter Schutzschild soll die Bedienung vor Granatsplittern und Handwaffengeschossen schützen. Der Höhenrichtbereich liegt bei –5/+45°, der Seitenrichtbereich bei 58°. In Feuerstellung stützt sich die Kanonenhaubitze auf einem hydraulisch abgesenkten Schießpilz ab, die Räder sind hochgeklappt. Hilfsräder an der Spreizlafette mit Erdspornen erleichtern der zehnköpfigen Bedienung das Ausrichten der Waffe sowie die

Technische Angaben 152-mm-Kanonenhaubitze Typ 66	
Kaliber, mm	152,4
Rohrlänge, Kaliber	L/26
Bedienung	10
Gewicht in Feuerstellung, kg	5650
Anfangsgeschwindigkeit, m/sec	655
Geschossgewicht, kg	43,56
Höchstschussweite, m	17.400
Feuergeschwindigkeit, S/min	5–6
Höhenrichtbereich, Grad	–5/+45
Seitenrichtbereich, Grad	58
Länge in Marschlage, m	8,69
Breite in Marschlage, m	2,32

152-mm-Haubitze Typ 66 in Schießstellung.

152-mm-Haubitze Typ 66 im Schlepp eines Zugfahrzeugs.

Überführung in Marschlage, wozu sie etwa 2,5 bis 3 Minuten benötigt. Der Typ 66 (D-20) verschießt die gleiche getrennte Munition wie der Typ 54 (D-1), also Spreng-, Beton-, Hohlladungs- und Nebelgranaten. Die Höchstschussweite der 43,56 kg schweren Sprenggranate liegt bei 17.409 m. Das Hohlladungsgeschoss durchschlägt auf bis zu 3000 m noch 250 mm Panzerstahl. Die Feuergeschwindigkeit beträgt 5–6 Schuss pro Minute. Schon die Sowjets erweiterten die Munitionspalette der D-20 um eine neue Geschossfamilie einschließlich chemischer und nuklearer Projektile. Tatsächlich gehörte die D-20 zu den ersten sowjetischen Geschützen, die taktische Atomgranaten verschießen konnten. Die in Teilladungen unterteilte Treibladung wurde ebenfalls geändert, so dass sich die Schussweite auf die angegebenen 17.409 m erhöhte und bei Geschossen mit Raketenzusatzantrieb sogar auf rund 24.000 m. Zu GUS-Zeiten kam das lasergelenkte „Krasnopol"-Projektil für die Panzerabwehr hinzu. Auch die Chinesen erweiterten die Typ-66-Munitionsfamilie in jüngster Zeit um lasergelenkte Präzisionsgeschosse, die auch sich bewegende Ziele treffgenau bekämpfen können. Als Zugmittel für die Kanonenhaubitze

152-mm-Haubitze Typ 66 beim Feuern.

stehen Artillerietraktoren (Kettenschlepper) und dreiachsige Armeelastwagen (6 x 6) zur Verfügung. Die torsionsgefederte Lafette erlaubt den Zug auf befestigten wie unbefestigten Straßen mit relativ hoher Geschwindigkeit. 2018 stellten die Chinesen auf der Rüstungsmesse in Zhuhai die modernisierte Kanonenhaubitze Typ 66 vor, die sich dank Hilfsantrieb selbstständig über kurze Distanzen bewegen kann.

152-mm-Granate und Kartusche.

Rückansicht der 152-mm-Haubitze Typ 66. Man beachte die gewellte Oberkante des Schutzschildes, welche die Konturen auflöst und so allein durch die Formgebung eine Tarnwirkung erzielt.

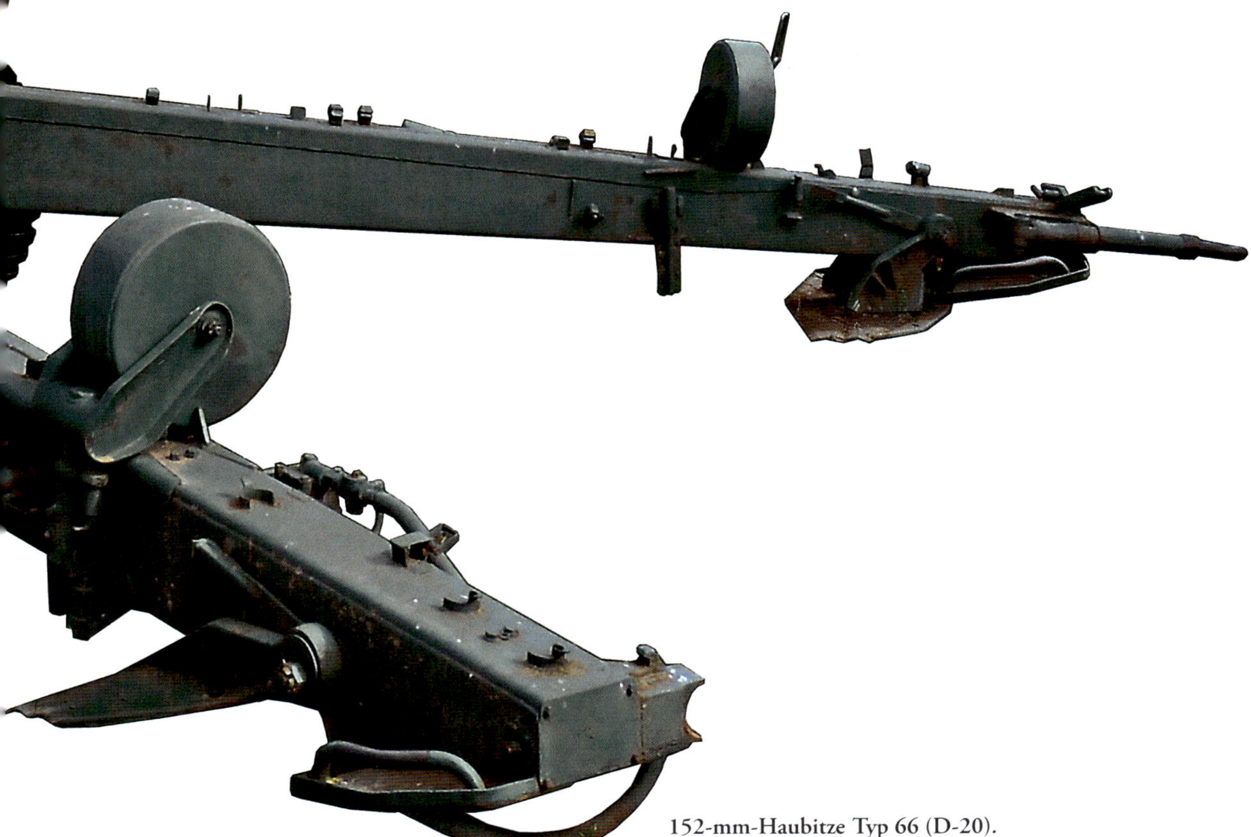

152-mm-Haubitze Typ 66 (D-20).

152-mm-Kanonenhaubitze Typ 83

In den frühen 1980er-Jahren entwickelte Norinco eine 152-mm-Schlepphaubitze, die nach ihrer Übernahme durch die VBA die Bezeichnung Typ 83 erhielt. Sie sollte die veralteten 122-mm-Haubitzen Typ 54 in Artillerieregimentern von Schützen- und mechanisierten Divisionen ersetzen. Die Kanonenhaubitze Typ 83 weist ein 45 Kaliber langes Rohr auf, das den Geschossen eine Anfangsgeschwindigkeit von bis zu 955 m/sec verleiht. Eine Mündungsbremse nimmt zusammen mit der Rohrbremse einen Großteil der Rückstoßenergie auf. Rohrbremse und Vorholer sind oberhalb des Verschlusses angeordnet. Der Schild an der Oberlafette soll die Bedienung vor Granatsplittern schützen. Die zweirädrige Unterlafette verfügt über eine Schießplattform, auf die sich das Geschütz in Feuerstellung hydraulisch absenkt. Klappbare Räder an den Holmen erleichtern das Spreizen der Lafette bzw. das Ausrichten des Geschützes. Beim Übergang in die Marschlage wird das Rohr um 180° gedreht und am geschlossenen Lafettenschwanz befestigt. Eine Einachsprotze nimmt beim Marsch einen Teil des Gewichts auf; an ihr befindet sich auch die Anhängevorrichtung für das Zugfahrzeug, ein Artillerietraktor (Kettenschlepper) oder 6 x 6-Lkw. Beim Transport über kurze Entfernungen kann sich das Rohr in Schießstellung befinden, muss also nicht um 180° geschwenkt

Technische Angaben 152-mm-Haubitze Typ 83	
Kaliber, mm	152
Rohrlänge, Kaliber	L/45
Bedienung	8–9
Anfangsgeschwindigkeit, m/sec	955
Geschossgewicht (Typ 83), kg	48
Höchstschussweite mit ERFB-BB-Geschoss, km	38

152-mm-Kanonenhaubitze Typ 83 in Marschlage. Man beachte die Mündungsbremse am Rohr L/45.

152-mm-Kanonenhaubitze Typ 83 in Marschlage, Verschlussansicht.

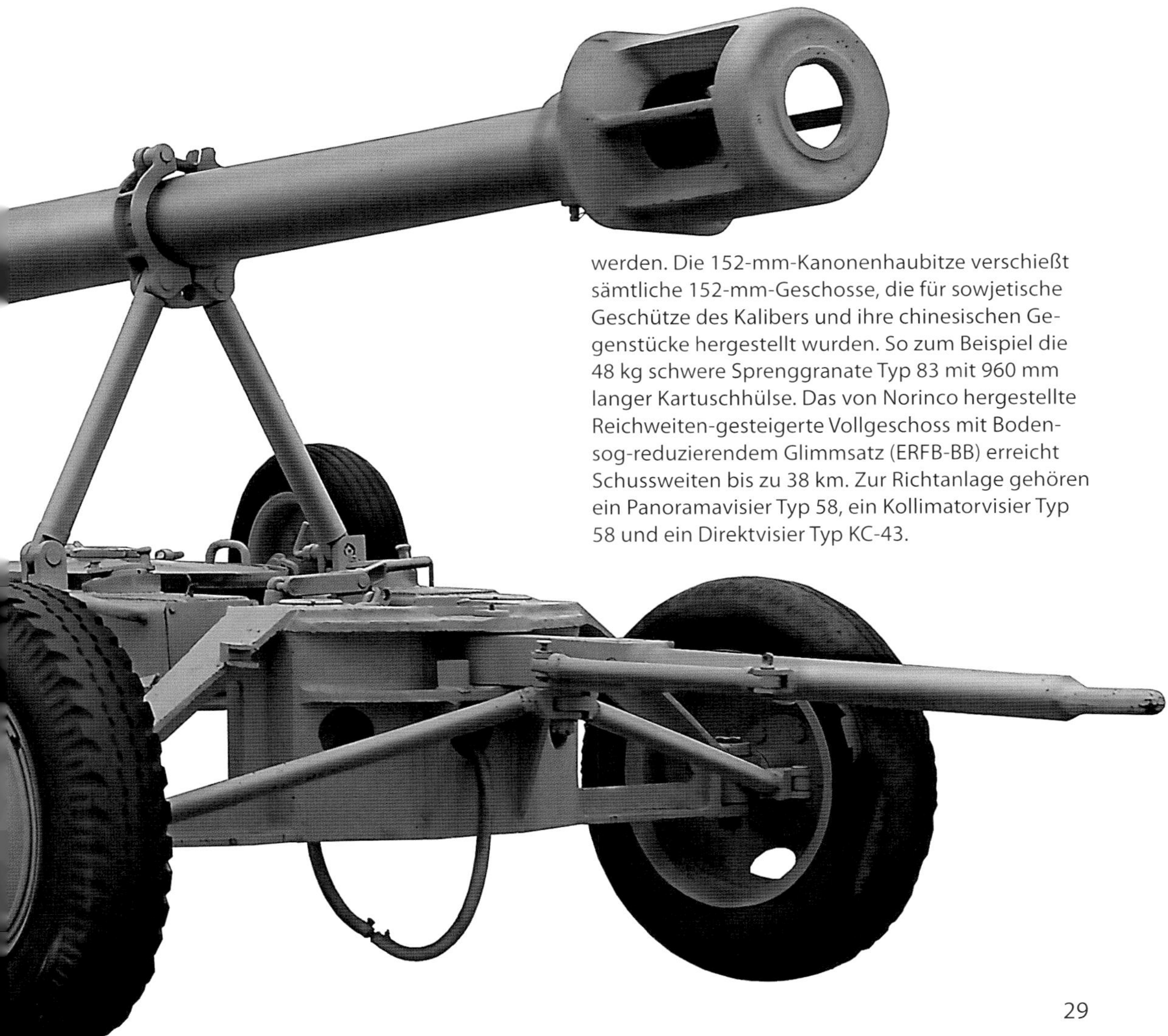

werden. Die 152-mm-Kanonenhaubitze verschießt sämtliche 152-mm-Geschosse, die für sowjetische Geschütze des Kalibers und ihre chinesischen Gegenstücke hergestellt wurden. So zum Beispiel die 48 kg schwere Sprenggranate Typ 83 mit 960 mm langer Kartuschhülse. Das von Norinco hergestellte Reichweiten-gesteigerte Vollgeschoss mit Bodensog-reduzierendem Glimmsatz (ERFB-BB) erreicht Schussweiten bis zu 38 km. Zur Richtanlage gehören ein Panoramavisier Typ 58, ein Kollimatorvisier Typ 58 und ein Direktvisier Typ KC-43.

155-mm-Kanonenhaubitze Typ 89 (PLL-01)

Anfang der 1980er-Jahre erwarb die VR China von der österreichischen Firma Noricum (VÖEST) eine Lizenz zur Herstellung der Haubitze GHN-45 (GHN = *Gun-Howitzer Noricum*; Kanonenhaubitze Noricum). Deren Konstrukteur war der später vom israelischen Geheimdienst ermordete kanadische Ingenieur Dr. Gerald Vincent Bull (1928–1990). Dieser geniale Erfinder entwickelte nicht nur Raketengeschosse, um kleine Satelliten in die Erdumlaufbahn zu bringen, sondern auch weitreichende Artilleriegeschütze u. a. für Belgien, Südafrika, Israel, Spanien, Singapur, Jugoslawien und den Irak, die alle mehr oder weniger auf seinem 155-mm-Geschütz GC-45 (L/45) beruhten, das wiederum Anleihen bei der deutschen 21-cm-Kanone 12 (E) – kurz K 12 – und ihrer Munition genommen hatte. Dieses Eisenbahngeschütz aus dem 2. Weltkrieg hatte bei 157,8 Kalibern Rohrlänge 107,5 kg schwere Sprenggranaten auf bis zu 115 km Entfernung verschossen. Des Weiteren entwickelte Dr. Bull die zur GC-45 gehörende Familie Reichweiten-gesteigerter Vollgeschosse mit Bodensog-reduzierendem Glimmsatz (ERFB-BB), mit denen sich die Schussweite gegenüber herkömmlichen Geschossen beträchtlich steigern ließ. Als Dr. Bull 1988 für den Irak an einer Superkanone mit enormer Reichweite (Projekt Babylon) zu arbeiten begann, schrillten beim israelischen Geheimdienst Mossad die Alarmglocken, der Dr. Bull dann am 22. März 1990 in Brüssel ermordete.

Zurück zur chinesischen 155-mm-Kanonenhaubitze: Nach den Vorgaben Dr. Bulls bauten die Chinesen 1986 ein 155-mm-Zwischenmodell, das auf der von Noricum gebauten GHN-45 beruhte. Erste Exemplare trugen die Werksbezeichnungen WA-021 oder WAC-021. Bei der VBA in Dienst gestellt wurde die Waffe dann 1989/1990 als Typ 89, wenig später in PLL-01 geändert. Wie erwähnt, sticht die PLL-01 wie ihre Bauvorlage GHN-45 und deren Vorbild GC-45 durch eine Rohrlänge von 45 Kalibern hervor, was 7,05 m entspricht. Allerdings ist sie damit nicht das einzige chinesische Geschütz der 150-mm-Klasse, auch die 152-mm-Kanonenhaubitze Typ 83 (siehe oben) weist L/45 auf und verschießt ERFB-BB-Grana-

Technische Angaben 155-mm-Kanonenhaubitze PLL-01	
Kaliber, mm	155
Rohrlänge, Kaliber	L/45
Bedienung	8
Gewicht in Feuerstellung, kg	9500
Anfangsgeschwindigkeit, m/sec	897
Geschossgewicht, kg	45,4
Höchstschussweite, km:	
- mit herkömmlicher Sprenggranate	30
- mit ERFB-BB-Geschoss	39
Feuergeschwindigkeit, S/min	4–5
Höhenrichtbereich, Grad	–5/+72
Seitenrichtbereich, Grad	70
Länge in Marschlage, m	11,4
Breite in Marschlage, m	9,3

Die 155-mm-Kanonenhaubitze Typ 89 beruht auf der von Dr. Gerald Bull entwickelten GHN-45.

155-mm-Kanonenhaubitzen Typ 89 im Schlepp auf einer Militärparade. Die achtköpfige Bedienung auf der Ladefläche wurde wegen des optischen Eindrucks durch vier weitere Soldaten verstärkt.

ten auf etwa die gleiche Entfernung, was kein Zufall sein dürfte. Jedenfalls kann die Kanonenhaubitze PLL-01 Ziele auf bis zu 40 km bekämpfen, also auf deutlich größere Entfernung als die meisten anderen sowjetischen und chinesischen Feldgeschütze. Das Rohr aus hochfestem Stahl wurde mit verschiedenen Drall-Längen, Zugtiefen und -formen optimiert, um den Rohrverschleiß angesichts von stärkeren Ladungen gering zu halten. Das Serienmodell erhielt dreimal tiefere Züge als vergleichbare Rohre, was eine Rohrlebensdauer von 1500 Schuss bewirken soll. Eine Mehrkammer-Mündungsbremse und zwei Rohrbremsen absorbieren einen Großteil der Rückstoßenergie. Hinter dem Schraubenverschluss befindet sich eine halbautomatische Ladehilfe mit einem hydraulischen so genannten Ketten-Ladestock, die eine Schussfolge von 4–5 S/min ermöglicht. Als normale Feuerrate geben die Chinesen 2 Schuss pro Minute an. Die Kanonenhaubitze verschießt die gesamte 155-mm-Standardmunition der NATO sowie reichweitengesteigerte Geschosse mit um 12–15 % höherer Schussweite. Dazu gehört ein ERFB-Trägergeschoss, das als Tochtermunition 72 Kleinbomben *(bomblets)* enthält. Die PLL-01 erhielt wie die anderen Ableger der GC-45 eine vierrädrige Spreizlafette mit zwei durch Ausgleichhebel verbundenen Starrachsen. Zum Transport wird das Rohr nach hinten über die Lafettenholme geschwenkt und ruht vorn auf zwei Hilfsrädern. Kurze Strecken kann das Geschütz mit dem in die Unterlafette eingebauten Hilfsantrieb mit bis zu 18 km/h aus eigener Kraft zurücklegen, wobei eine Tankfüllung für etwa 100 km reicht. Auch beim Übergang von der Marsch- in die Feuerstellung und umgekehrt leistet der Hilfsantrieb gute Dienste. In Feuerstellung ruht die PLL-01 bei angehobenen Rädern auf einer Schießplattform. Der Höhenrichtbereich beträgt –5/+72°, der Seitenrichtbereich 70°.

Als Zugfahrzeug dient in der Regel ein dreiachsiger Armeelastwagen. Berichten zufolge erhielt die VBA nur relativ wenige PLL-01-Schlepphaubitzen (etwa 150–200). Eine viel größere Anzahl wurde auf Fahrgestelle gestellt, etwa in Gestalt der Panzerhaubitze PLZ-45 (siehe dort).

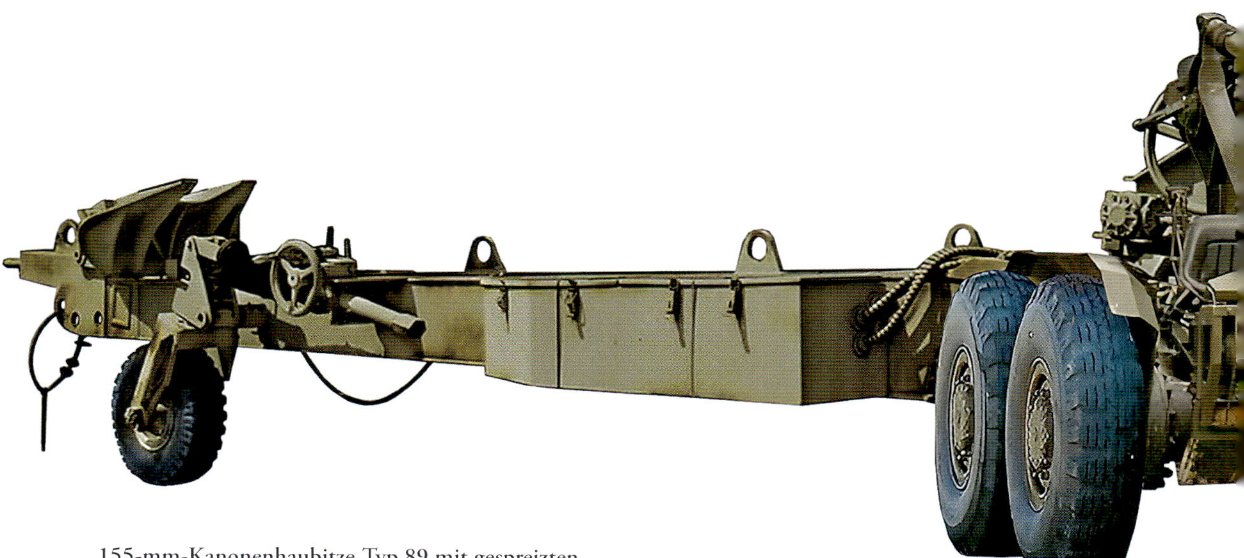

155-mm-Kanonenhaubitze Typ 89 mit gespreizten Lafettenholmen.

155-mm-Haubitze AH-4

Die ersten Informationen über die Entwicklung einer leichten 155-mm-Haubitze durch Norinco stammen aus dem Jahr 2012. Im Vordergrund stand ein möglichst geringes Gewicht, das einen Transport auch in schwierigem Gelände und vor allem eine unkomplizierte Verbringung durch Flugzeuge und Hubschrauber erlaubte. Laut offizieller Mitteilung hatte Norinco im Sommer 2016 alle Konstruktionsarbeiten und die erforderlichen Erprobungen abgeschlossen und die AH-4 ging in Serie. Im Grunde handelt es sich um den Nachbau der US-amerikanischen Schlepphaubitze M777, auch als *Ultralight Field Howitzer* (UFH, Ultraleichte Feldhaubitze) bezeichnet, die bei den Armeen mehrerer Länder in Verwendung steht. Dieses Geschütz war wiederum Ende der 1980er-Jahre vom britischen Vickers-Konzern für das US-Marinein-

Technische Angaben 155-mm-Haubitze AH-4	
Kaliber, mm	155
Rohrlänge, Kaliber	L/39
Bedienung	6–8
Gewicht in Feuerstellung, t	4,5
Anfangsgeschwindigkeit, m/sec	827
Geschossgewicht kg	43,35
Höchstschussweite, km: - mit herkömmlicher Sprenggranate - mit ERFB-BB-Geschoss	 24,7 30
Feuergeschwindigkeit, S/min	4
Höhenrichtbereich, Grad	–2,5/+72
Seitenrichtbereich, Grad	46
Länge in Marschlage, m	10,21
Breite in Marschlage, m	3,72

155-mm-Haubitze AH-4 beim Feuern.

Im direkten Richten bietet die 155-mm-Haubitze AH-4 einen äußerst flachen Aufzug.

fanteriekorps und das US-Heer entwickelt worden und wiegt in Feuerstellung nur 3,75 t. Das gezogene Rohr L/39 (6045 mm) weist eine Mehrkammer-Mündungsbremse und das Bodenstück mit Kammer einen Schraubenverschluss auf. Die Zweirad-Lafette aus einer gewichtssparenden Titanlegierung ist eine Variante der Kreuzlafette, bei der zwei Holme vor der Schießplattform liegen und die beiden anderen sie hinten stabilisieren. In der Fahrstellung sind die die vorderen Holme eingeklappt und die hinteren über hydraulische Stellantriebe hochgefahren. Eine gut ausgebildete Bedienung von 6–8 Mann bewältigt den Übergang von der Fahr- in die Feuerstellung und umgekehrt in rund zwei Minuten. Zusammen mit der Mündungsbremse sorgen eine hydropneumatische Rohrbremse und große Erdsporne für die notwendige Stabilität beim Schießen. Das Fehlen einer automatischen Lademöglichkeit und die relativ große Masse der 155-mm-Munition schränken die Feuergeschwindigkeit zwar ein, doch entspricht dieser Parameter immer noch modernen Anforderungen. Eine geübte Bedienung kann über einen kurzen Zeitraum bis zu fünf Schuss in der Minute abgeben. Bei längerem Feuern sinkt die Schussfolge auf 2 S/min. Die Höchstschussweite beträgt bei Standardgeschossen 25 km. Es können sowohl konventionelle Sprenggranaten als auch Lenkgeschosse geladen werden. Die Chinesen haben mittlerweile ja eigene Bodensog-reduzierende ERFB-BB-Geschosse entwickelt, wodurch die AH-4 mit ihrem kurzen Rohr Schussweiten bis zu 30 km erzielt. Berichten zufolge erreichen die neuesten chinesischen Geschosse mit Raketenzusatzantrieb (ERFB-RAP; *Extended Range Full Bore – Rocket Assisted Projectile)* aus der AH-4 sogar bis zu 40 km Schussweite. Experten zufolge bringt die AH-4 Haubitze mit einer Gesamtmasse von 4500 kg in Feuerstellung etwas mehr Gewicht auf die Waage als die nur 3745 kg schwere M777. Höchstwahrscheinlich haben die Chinesen einen Weg gefunden, die teuren Titanlegierungen der M777 durch kostengünstigere Aluminium- und Stahllegierungen zu ersetzen. Die ursprüngliche M777 leidet aufgrund ihres ungewöhnlichen Designs und der leichten Bauteile aus Titanlegierungen unter vielen Schwierigkeiten. Einige dieser Probleme, wie z. B. Metallermüdung, Instabilität beim Abfeuern und Schäden durch starken Rückstoß, sind noch nicht vollständig gelöst. Grundsätzlich stellte sich heraus, dass die M777 zu leicht für die starke 155-mm-Munition ist. Wahrscheinlich hat die chinesische Haubitze AH-4 die meisten dieser Probleme geerbt. Zudem liegen die Herstellungskosten der leichten Feldhaubitze viel höher als bei herkömmlichen 155-mm-Schlepphaubitzen. Ein weiterer Nachteil der AH-4 ist ihr kurzes Rohr. Die US-Armee setzte bereits in den 1960er-Jahren 155-mm-Haubitzen L/39 ein. Anfang der 1980er-Jahre begannen die führenden NATO-Länder auf leistungsfähigere

L/45-Haubitzen mit höherer Schussweite umzurüsten. Diese wiederum werden nun allmählich durch 155-mm-Haubitzen L/52 mit noch längerem Rohr ersetzt. So hinkt auch die chinesische AH-4 mit ihrem 155-mm-Rohr L/39 trotz reichweitengesteigerter Munition in punkto Schussweite hinter den meisten modernen westlichen Haubitzen her – ihre Vorzüge liegen eindeutig in ihrem geringen Gewicht und der einfachen Luftverlastbarkeit.

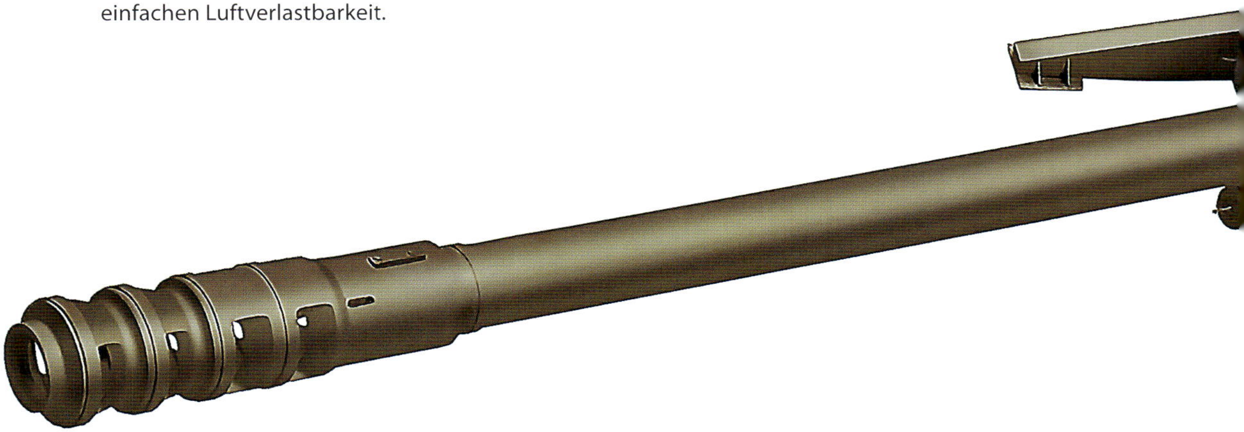

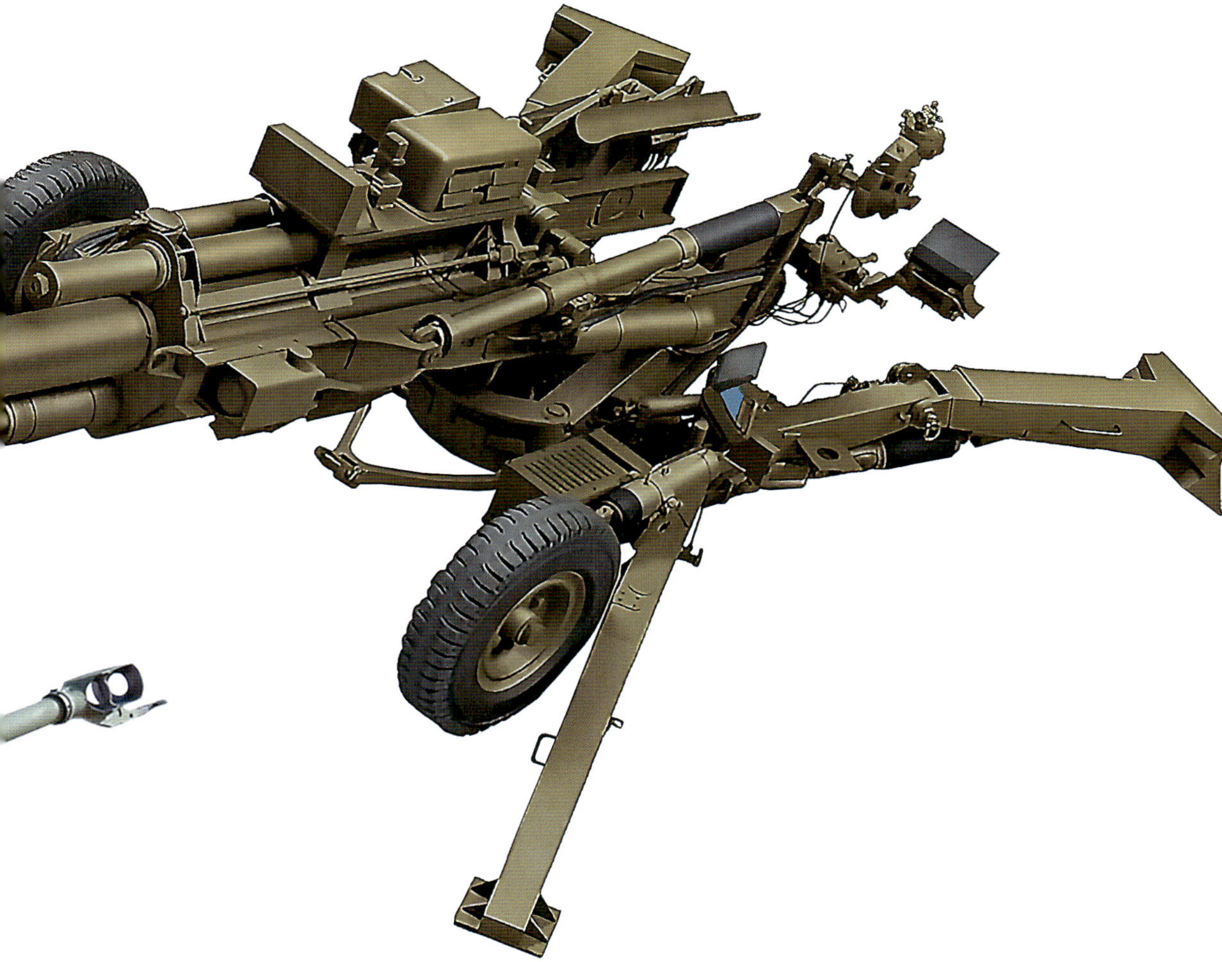

Die 155-mm-Haubitze AH-4 stellt den chinesischen Nachbau der US-amerikanischen Schlepphaubitze M777 dar – mit allen Vor- und Nachteilen.

203-mm-Haubitze FGT-203

Die 203-mm-Schlepphaubitze FGT-203 stellt eine Norinco-Entwicklung aus den späten 1980er- und frühen 1990er-Jahren dar. Man geht davon aus, dass sie auf der 203-mm-Haubitze FGT-203-45 ST des spanischen Unternehmens SITESCA beruht, die erstmals im Oktober 1998 auf der Waffenmesse in Athen vorgestellt wurde. Von Juni 1988 bis Oktober 1991 wurde die chinesische FGT-203 langwierigen Schießversuchen unterzogen, bei denen sie insgesamt 235 Schuss abfeuerte. Trotz positiver Ergebnisse stufte das chinesische Militär die Entwicklung von 203-mm-Rohrartillerie seinerzeit als nicht erfolgversprechend ein. Es fiel der Beschluss, alle Anstrengungen auf die Entwicklung von 155-mm-Rohrartillerie und schweren Mehrfachraketenwerfern zu konzentrieren. Chinesische Generäle änderten ihre Meinung über 203-mm-Haubitzen mit Beginn des Ukrainekrieges 2022 allerdings. Hier zeigte sich die hohe Effektivität großkalibriger Rohrgeschütze, die Ziele tief hinter den feindlichen Linien mit wenigen hochpräzisen Geschossen trafen und ausschalteten. Gegenüber 152-mm- und 155-mm-Geschützen ließe sich mit 203-mm-Haubitzen eine noch größere Wirkung erzielen. Im Frühjahr 2023 wurde berichtet, die VBA plane die Erprobung einer neuen 203-mm-Haubitze, die allen in den Vereinigten Staaten und China verfügbaren Rohrgeschützen überlegen sein solle. Es wurde nicht erläutert, ob es sich um eine modernisierte Haubitze FGT-203 oder einen Nachbau der sowjetischen 203-mm-Selbstfahrlafette 2S7M „Malka“ handelt.* Bemerkenswerter Weise erteilte das Strategische Unterstützungskommando der VBA den Entwicklungauftrag für das neue Geschütz an die Technische Universität Nanjing. Diese arbeitet

Technische Angaben 203-mm-Haubitze FGT-203	
Kaliber, mm	203,2
Rohrlänge, Kaliber	L/45
Bedienung	9–12
Gewicht in Feuerstellung, t	16,4
Anfangsgeschwindigkeit, m/sec	960
Höchstschussweite, km:	
- mit herkömmlicher Sprenggranate	40
- mit reichweitengesteigertem Geschoss	50
Feuergeschwindigkeit, S/min	2

203-mm-Haubitze FGT-203 in Feuerstellung.

203-mm-Granate der Haubitze FGT-203. Sie wiegt über 100 kg und zum Transport benutzen die Ladekanoniere eine Art Schubkarre.

Die 203-mm-Haubitze FGT-203 stellt das schwerste Rohrgeschütz der chinesischen Feldartillerie dar.

---

* Siehe Schunkow: Die Waffen der Russischen Armee. Infanterie & Artillerie. Seiten 211–213.

wiederum mit dem Nordwest-Institut für Kerntechnologie zusammen, das sich u. a. mit der Entwicklung taktischer Atomgeschütze befasst. Der Aufbau der 203-mm-Haubitze FGT-203 entspricht ansonsten dem üblichen Schema gezogener Geschütze mit Spreizlafette. Diese verfügt hinten an den Holmen über klappbare Räder, mit denen sich die auf einer Schießplattform ruhende Waffe leicht schwenken lässt, um in jede gewünschte Richtung zu feuern. Wie die 155-mm-Kanonenhaubitze PLL-01 erhielt die Lafette ein zweiachsiges Radfahrwerk, auf dem sich das Geschütz mit relativ hoher Geschwindigkeit ziehen lässt. Das 45 Kaliber lange Rohr verfügt über eine Mündungsbremse und ist für eine Feuergeschwindigkeit von 2 S/min über einen längeren Zeitraum ausgelegt. Die Schussweite mit konventionellen Sprenggranaten mit einem Gewicht von über 100 kg beträgt bis zu 40 km, mit reichweitengesteigerter Munition bis zu 50 km. Bei einem Gewicht von 16,4 t in Feuerstellung dürfte das Hauptproblem der gezogenen 203-mm-Haubitze in der Beweglichkeit liegen.

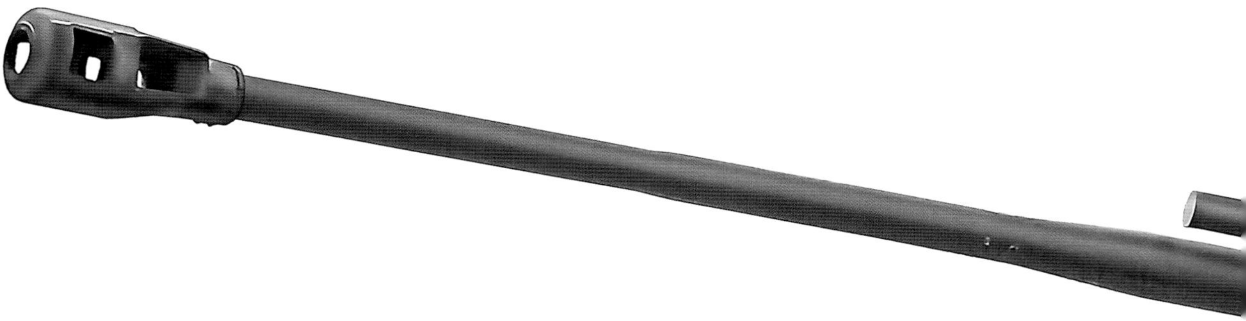

203-mm-Haubitze FGT-203, Rückansicht. Man beachte die Ladeschale.

Die 203-mm-Haubitze FGT-203 bringt in Feuerstellung 16,4 t auf die Waage.

SELBSTFAHRENDE GESCHÜTZE

122-mm-Panzerhaubitze Typ 70 und Typ 85

In den 1960er-Jahren strebte die VBA-Führung danach, die Beweglichkeit der chinesischen Feldartillerie durch Selbstfahrlafetten zu erhöhen. Die erste derartige Waffe stellte die 122-mm-Panzerhaubitze Typ 70 dar, auch bekannt als WZ-302. Dabei wurde eine 122-mm-Haubitze Typ 54 im Truppenraum des gepanzerten Mannschaftstransportwagens Typ 63A (YW-531) untergebracht. Der Aufbau des Kettenfahrgestells wurde weitgehend beibehalten mit Motor- und Getriebeabteil sowie Fahrerraum vorn in der Wanne, während der Truppenraum im hinteren Teil zur Aufnahme des Geschützes umgebaut wurde. Im Fahrerabteil befanden sich die Sitze von Fahrer (links) und Kommandant/Geschützführer (rechts) mit entsprechenden Dachluken und Sichtgeräten (Fahrersitz mit Infrarot-Nachtsichtgerät). Die übrige Geschützbedienung war im hinteren Kampfraum bei der 122-mm-Haubitze Typ 54 untergebracht, einem chinesischen Nachbau der sowjetischen Haubitze M-30 (siehe dort). Der oben offene Geschützraum ließ sich bei Bedarf mit einem Planenverdeck schließen. Die Höchstschussweite der 122-mm-Haubitze betrug mit Sprenggranaten 11,8 km, die Schussfolge 5–6 S/min, wobei die Bedienung sämtliche Lade- und Richtvorgänge händisch ausführte.
Der Höhenrichtbereich reichte –2,5° bis +80°, der Seitenrichtbereich 45°. Als Kampfbeladung führte die 122-mm-Haubitze 50 Schuss geteilter Munition mit. Als Zusatzbewaffnung diente ein 7,62-mm-Maschinengewehr mit 1000 Schuss. Die Granatmunition bestand aus 122-mm-Spreng-, Hohlladungs-, Leucht-, Nebel- und Propagandageschossen. Die Hohlladungsgranaten wurden im direkten Richten auf bis zu 660 m eingesetzt und durchschlugen bis zu 200 mm Panzerstahl. Das Kettenlaufwerk der Panzerhaubitze weist vier Lauf- und drei Stützrollen je Seite auf. Die modernisierte Panzerhaubitze Typ 70-I erhielt ein verlängertes Fahrwerk mit fünf Laufrollen

122-mm-Panzerhaubitze Typ 70-1.

122-mm-Panzerhaubitze Typ 70, Seitenansicht.

Mit speziellen Seitenschwimmkörpern kann die 122-mm-Panzerhaubitze Typ 70-1 Gewässer schwimmend überwinden.

Frontansicht der 122-mm-Panzerhaubitze Typ 70-1. Der Schutz der Geschützbedienung ließ Wünsche offen.

Ebenfalls ein Typ 89, doch keine Panzerhaubitze, sondern der Jagdpanzer Typ 89 (PTZ-89) mit 120-mm-Kanone auf Kettenfahrgestell WZ-321, das u. a. die Panzerhaubitzen 152 mm Typ 83 und 155 mm PZL-45/45A4 nutzen (siehe dort). Vom Jagdpanzer Typ 89 wurden in den 1990er-Jahren nur wenige Exemplare gebaut. Wegen seiner mächtigen Langrohrkanone und der Ähnlichkeit mit dem deutschen Panzerjäger Tiger (P) „Ferdinand" des 2. Weltkriegs nannten ihn die Chinesen „Ferdinand des Ostens".

je Seite. Anfänglich bestand der Antrieb aus einem flüssigkeitsgekühlten Sechszylinder-Dieselmotor 6150L mit 260 PS (235 kW); einem modernisierten Panzermotor W-2-34, wie ihn der T-34 nutzte. Etwas später wurde der Motor durch einen luftgekühlten Achtzylinder-Dieselmotor BF8L413F aus deutscher Produktion ersetzt. Dieser beschleunigte den Typ 70-I auf bis zu 56 km/h Straßengeschwindigkeit; der Fahrbereich betrug 450 km. Wasserhindernisse überwand der Typ 70/Typ 70-1 mit Hilfe spezieller Seitenpontons schwimmend mit bis zu 5 km/h. Die Panzerhaubitze Typ 70-I war nur relativ kurz in Produktion und wurde nach etwa 200 Fahrzeugen von der Panzerhaubitze Typ 85 auf Grundlage des gepanzerten Mannschaftstransportwagens Typ 85 (YW-531H) abgelöst. Der Aufbau entsprach der Panzerhaubitze Typ 70-I mit Fahrer und Kommandant/Geschützführer links und rechts-mittig vorn in

Technische Angaben 122-mm-Panzerhaubitze Typ 70-I und Typ 85		
	Typ 70-I	**Typ 85**
Besatzung/Bedienung	5–6	6
Gefechtsgewicht, t	15,3	16,5
Abmessungen, mm:		
Wannenlänge	5600	6125
Breite	3070	3068
Höhe	2690	2850
Bewaffnung (Kaliber), mm:		
Geschütz	122-mm-Typ 54	122-mm-Typ 86
Maschinengewehr	7,62-mm-MG	7,62-mm-MG
Kampfbeladung, Schuss:		
Geschütz	50	40
Maschinengewehr	1000	1000
Höchstschussweite, km	11,8	15,3
Feuergeschwindigkeit, S/min	5–6	5–6
Motorleistung, PS	260	320
Höchstgeschwindigkeit, km/h	56	60
Fahrbereich, km	450	500

122-mm-Panzerhaubitze Typ 85.

der Wanne. Auf der rechten Seite das Motor-Getriebe-Abteil; den mittleren und hinteren Wannenteil nahm der oben offene Kampf- bzw. Geschützraum mit der vierköpfigen Geschützbedienung ein. Das Geschütz stammte von der 122-mm-Haubitze Typ 86 und Typ 96 (siehe dort), einem chinesischen Nachbau der sowjetischen Schlepphaubitze D-30. Bei einem Höhenrichtbereich von –5° bis +70° und einem Seitenrichtbereich von 45° führte die Bedienung sämtliche Richt- und Ladevorgänge händisch durch. Das Geschütz verschoss die Munition der erwähnten 122-mm-Haubitzen. Die Höchstschussweite der 21,76 kg schweren Sprenggranate betrug 15.300 m, bei einem ERFB-BB-Geschoss 21.000 m. Die Kampfbeladung umfasste 40 Schuss. Das Geschütz ließ sich bei geschlossener Wanne und bei geöffneter Hecktür abfeuern. Richtbereich und Visier erlaubten auch den Direktbeschuss von Zielen. Die VBA musterte die Panzerhaubitzen Typ 70 und Typ 70-I zwischenzeitlich aus und überführte sie in die Langzeitlagerung. Die Panzerhaubitze Typ 85 steht in den Artillerieabteilungen einiger mechanisierter Brigaden weiter in Dienst, wird aber durch modernere Geschütze ersetzt.

122-mm-Panzerhaubitze Typ 89 (PLZ-89)

Nachdem die Sowjetarmee 1970 die 122-mm-Panzerhaubitze 2S1 „Gwosdika" (Nelke) eingeführt hatte*, begannen die Chinesen ihre eigene Version der „Gwosdika" zu bauen. 1989 in Dienst gestellt und der Öffentlichkeit erstmals 1999 vorgeführt, entstanden etwa 600 Panzerhaubitzen Typ 89 (oder PLZ-89). Sie sollten vor allem der Kampfunterstützung mechanisierter Verbände dienen. So erhielten die Artillerieregimenter der Panzerdivisionen je eine Abteilung dieser Geschütze. Eine Abteilung bestand aus drei Batterien zu je sechs Geschützen. Auch die Marineinfanteriebrigaden erhielten je eine Batterie Typ 89 mit zehn Haubitzen. Die Panzerhaubitze Typ 89 erhielt dasselbe Fahrgestell wie die 152-mm-Panzerhaubitze Typ 83 (siehe dort) und zeigt den selben Aufbau wie die „Gwosdika" mit Motor- und Getrieberaum in Bug. Links davon die hintereinander angeordneten Sitze von Fahrer und Geschützführer. Der Kampf- oder Geschützraum im Heck nimmt den Drehturm mit 122-mm-Haubitze L/32 auf, eine modifizierte Ausführung der Schlepphaubitze Typ 96 (siehe dort), die wiederum von der sowjetischen Schlepphaubitze D-30 abstammt. Die Haubitze verschießt eine breite Munitionspalette und erreicht mit der Standard-Sprenggranate 18 km Schussweite; mit aerodynamisch verbesserten Geschossen (ERFB-BB) bis zu 21 km. Sie lädt über einen halbautomatischen Fallkeilverschluss mit elektromechani-

Technische Angaben 122-mm-Panzerhaubitze Typ 89	
Besatzung/Bedienung	5
Gefechtsgewicht, t	20
Abmessungen, mm:	
Wannenlänge	6500
Breite	3400
Höhe	2000
Bewaffnung (Kaliber), mm:	
Geschütz	122-mm-Typ 96
Maschinengewehr	12,7-mm-MG
Kampfbeladung, Schuss:	
Geschütz	40
Maschinengewehr	650
Höchstschussweite, km	18–21
Feuergeschwindigkeit, S/min	6–8
Motorleistung, PS	450
Höchstgeschwindigkeit, km/h	60
Fahrbereich, km	500

122-mm-Panzerhaubitze Typ 89, Draufsicht.

122-mm-Panzerhaubitze Typ 89.

scher Ladehilfe und erreicht eine Feuergeschwindigkeit von bis zu 8 S/min. Die Kampfbeladung von 40 Schuss befindet sich im Kampfraum, dazu die drei Sitze der Kanoniere. Die Treffgenauigkeit gewährleistet eine digitale Feuerleitanlage mit Sensoren sowie ein elektro-optisches Tag- und Nachtvisier. Im oberen rechten Teil des Turmdaches befindet sich ein Türmchen mit Winkelspiegeln und Halterung für ein Flugabwehr-Maschinengewehr 12,7 mm. An jeder Turmseite finden sich vier Nebelwurfbecher. Eine ABC-Schutz- sowie eine automatische Feuerlöschanlage gehören zum Standard. Der wassergekühlte Dieselmotor 12V150L12 entwickelt eine Leistung von 450 PS und verhilft der Panzerhaubitze Typ 89 zu einer Spitzengeschwindigkeit von 60 km/h auf guten Straßen. Das Fahrzeug an sich ist schwimmfähig, aufgrund des Waffengewichts müssen aber zum Überwinden von Wasserhindernissen wie beim Typ 70 spezielle Anbaugeräte (Pontons) verwendet werden.

122-mm-Panzerhaubitzen Typ 89 beim Feuern.

* Vgl. Schunkow: Die Waffen der Russischen Armee. Infanterie & Artillerie. Seiten 178–180.

122-mm-Panzerhaubitze Typ 89, Bugansicht von rechts.

Kolonne 122-mm-Panzerhaubitzen Typ 89 auf dem Marsch.

122-mm-Panzerhaubitze SH-3

Die Panzerhaubitze SH-3 (Werksbezeichnung WMZ-322) stellt eine modernisierte Ausführung der 122-mm-Panzerhaubitze Typ 89 dar (siehe dort). Eine fortschrittliche Feuerleitanlage hat Berichten zufolge die Wirksamkeit des Feuers erheblich gesteigert, während ein modernisiertes Fahrwerk und ein leistungsstärkerer Motor die Beweglichkeit verbesserten. Die SH-3 zeigt den gleichen Aufbau wie die Panzerhaubitze Typ 89 mit Motor- und Getrieberaum im Bug, links davon der Fahrer. Im mittleren und hinteren Teil der Wanne befindet sich der Kampfraum mit Drehturm und modifizierter 122-mm-Haubitze Typ 96 (PL-96) L/32. Eine halbautomatische Ladevorrichtung ermöglicht eine Schussfolge von 6–8 S/min. Die SH-3 verschießt die übliche 122-mm-Haubitzunition, erweitert um neu entwickelte Geschosse, darunter ein dem russischen „Kitolow"-Geschoss nachempfundenes lasergelenktes Projektil. Die Höchstschussweite beträgt 18 km mit konventionellen und 27 km mit reichweitengesteigerten Geschossen. Eine digitale Feuerleitanlage erhöht die Treffgenauigkeit. Die Kampfbeladung umfasst 40 Schuss getrennt zu ladender Munition. Die Zusatzbewaffnung besteht aus einem 12,7-mm-Maschinengewehr auf dem Turmdach. Wanne und Turm der Panzerhaubitze bestehen aus geschweißten Panzerblechen, die vor 12,7-mm-Geschossen und Granatsplittern schützen. Zur Ausstattung gehören eine automatische Feuerlösch- sowie eine ABC-Schutzanlage. Für den Antrieb der SH-3 sorgt ein 590-PS-Dieselmotor BF8M1015CP, der in China in Lizenz des deutschen Unternehmens Deutz hergestellt wird. Er verschafft der SH-3 eine höhere Leistung als der 450-PS-Diesel 12V150L12 der Panzerhaubitze Typ 89 und verhilft ihr zu einer Höchstgeschwindigkeit von 65 km/h auf guten Straßen. Der Fahrbereich beträgt 500 km. Die SH-3 überwindet bis zu 0,8 m hohe senkrechte Hindernisse, 2,5 m breite Gräben und 1 m tiefe Wasserhindernisse. Die auf der Grundlage von Versuchen modifizierte Panzerhaubitze SH-3 führte die VBA An-

Panzerhaubitzen SH-3 beim Feuern.

Technische Angaben 122-mm-Panzerhaubitze SH-3	
Besatzung/Bedienung	5
Gefechtsgewicht, t	24,5
Abmessungen, mm:	
Wannenlänge	6600
Breite	6600
Höhe	3280
Bewaffnung (Kaliber), mm:	
Geschütz	122-mm-Typ 96
Maschinengewehr	12,7-mm-MG
Kampfbeladung, Schuss:	
Geschütz	40
Maschinengewehr	650
Höchstschussweite, km	18–27
Feuergeschwindigkeit, S/min	6–8
Motorleistung, PS	590
Höchstgeschwindigkeit, km/h	60-65
Fahrbereich, km	500

122-mm-Panzerhaubitze SH-3, Bugansicht.

fang der 2000er-Jahre unter der Bezeichnung PLZ-07 ein; später gefolgt von der amphibischen Variante PLZ-07B (siehe dort). Die Originalausführung der SH-3 bietet China auf dem internationalen Waffenmarkt an. Informationen zufolge beschaffte Ruanda eine Batterie mit sechs Panzerhaubitzen SH-3.

122-mm-Panzerhaubitze SH-3, Heckansicht.

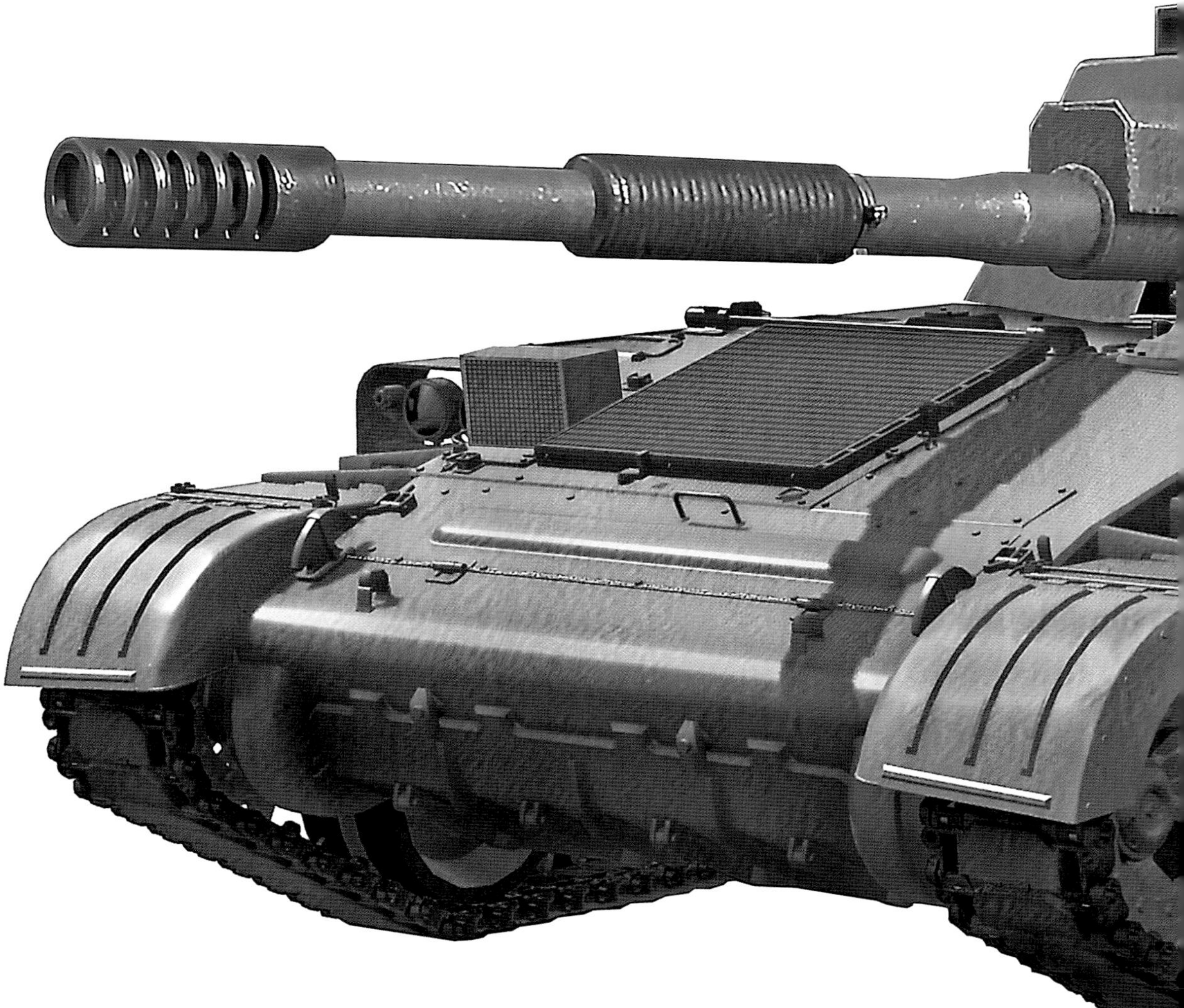

Die 122-mm-Panzerhaubitze SH-3 stellt eine kampfwertgesteigerte Ausführung der 122-mm-Panzerhaubitze Typ 89 dar.

122-mm-Panzerhaubitze PLZ-07 (Typ 07)

Die Artillerie der VBA verfügt über rund 550 Panzerhaubitzen PLZ-07 (Typ 07), welche die veralteten 122-mm-Panzerhaubitzen Typ 70, Typ 70-1, Typ 85 und Typ 89 ersetzen. Die VBA führte die Panzerhaubitze PLZ-07 erstmals 2009 öffentlich vor. Im Vergleich zu den älteren chinesischen Panzerhaubitzen sticht die PLZ-07 durch höhere Beweglichkeit, eine verbesserte Feuerleitanlage und größere Schussweite hervor. Sie ist auf dem Fahrgestell des Kettenschützenpanzers Typ 97 (ZBD-97) aufgebaut; die Panzerung schützt vor Handwaffengeschossen und Granatsplittern. ABC-Schutz- und Feuerlöschanlage des Schützenpanzers wurden übernommen. Motor- und Getrieberaum befinden sich im Bug sowie links der Fahrer. Der Kampfraum nimmt den mittleren und hinteren Teil der Wanne ein und beherbergt einen rundum schwenkbaren Drehturm mit der bewährten 122-mm-Haubitze Typ 96 L/32, wie sie schon die Panzerhaubitze Typ 89 erhielt.

Technische Angaben 122-mm-Panzerhaubitze PLZ-07	
Besatzung/Bedienung	5
Gefechtsgewicht, t	24,5
Abmessungen, mm:	
Wannenlänge **Breite** **Höhe**	6600 3280 2500
Bewaffnung (Kaliber), mm:	
Geschütz **Maschinengewehr**	122-mm-Typ 96 12,7-mm-QJS-88
Kampfbeladung, Schuss:	
Geschütz **Maschinengewehr**	40 650
Höchstschussweite, km	18–27
Feuergeschwindigkeit, S/min	6–8
Motorleistung, PS	590
Höchstgeschwindigkeit, km/h	60–65
Fahrbereich, km	500

122-mm-Panzerhaubitzen PLZ-07 auf einer Parade.

122-mm-Panzerhaubitze PLZ-07, Bugansicht.

Zur Kampfwertsteigerung erhielt die PLZ-07 eine verbesserte halbautomatische Ladevorrichtung und kann auch lasergelenkte Geschosse verschießen. Die Kampfbeladung besteht aus 40 Schuss geteilter Munition, die über eine große Heckklappe geladen wird. Der Turm bietet Platz für den Fahrzeugkommandanten/Geschützführer, den Richtkanonier und zwei Ladekanoniere. Ein 12,7-mm-Maschinengewehr QJS-88 auf dem Turmdach mit 650 Schuss dient der Fliegerabwehr und Selbstverteidigung. Das Kettenlaufwerk weist je Seite sechs Lauf- und drei Stützrollen auf. Der Dieselmotor BF8M1015CP entwickelt eine maximale Leistung von 590 PS, die es der PLZ-07 ermöglicht, auf befestigten Straßen eine Spitzengeschwindigkeit von bis zu 65 km/h zu erreichen. Der Fahrbereich beträgt 500 km. Nach Einführung der 122-mm-Panzerhaubitze PLZ-07B (siehe unten) erhielt die PLZ-07 die neue Bezeichnung PLZ-07A.

122-mm-Panzerhaubitze PLZ-07B

Die Artillerie der chinesischen Marineinfanteriebrigaden verfügt über etwa 150 122-mm-Panzerhaubitzen PLZ-07B, die nach und nach die veralteten Panzerhaubitzen Typ 89 ersetzen. Die Panzerhaubitze PLZ-07B wurde auf Grundlage der Panzerhaubitze PLZ-07 entwickelt und unterscheidet sich von dieser vor allem durch ihre Fähigkeit, Wasserhindernisse schwimmend zu überwinden. Dazu verhelfen ihr der wasserdichte Pontonrumpf sowie die beiden Wasserstrahlantriebe. Das Fahrzeug lässt sich vor Küstenzonen von Landungsschiffen absetzen und begibt sich dann selbstständig schwimmend zum Ufer. Die aus Panzerstahlblechen geschweißte Wanne schützt die Besatzung vor Handwaffengeschossen und Granatsplittern. Ansonsten entspricht der Aufbau der Panzerhaubitze PLZ-07 (deren Bezeichnung sich mit Übernahme der Panzerhaubitze PLZ-07B in PLZ-07A

Technische Angaben 122-mm-Panzerhaubitze PLZ-07B	
Besatzung/Bedienung	5
Gefechtsgewicht, t	25
Abmessungen, mm:	
Wannenlänge	7000
Breite	3300
Höhe	2500
Bewaffnung (Kaliber), mm:	
Geschütz	122-mm-Typ 96
Maschinengewehr	12,7-mm-MG
Kampfbeladung, Schuss:	
Geschütz	40
Maschinengewehr	650
Höchstschussweite, km	18–27
Feuergeschwindigkeit, S/min	6–8
Motorleistung, PS	590
Höchstgeschwindigkeit, km/h	60–65
Fahrbereich, km	500

122-mm-Panzerhaubitze PLZ-07B beim Feuern.

122-mm-Panzerhaubitzen PLZ-07B auf dem Marsch. Man beachte den pontonförmigen „schwimmfreudigen" Bug.

änderte). Motor- und Getrieberaum sowie Fahrersitz befinden sich im Bug, während der mittlere und hintere Teil der Wanne vom Kampfraum mit rundum schwenkbarem Drehturm, der modifizierten 122-mm-HaubitzeTyp 96 (PL-96) zu 32 Kaliberlängen und deren vierköpfigen Bedienung eingenommen wird. Wie bei der PLZ-07A beträgt der Höhenrichtbereich –3°/+70°. Die Haubitze verschießt sämtliche chinesische und russische 122-mm-Munition. Die relativ hohe Feuergeschwindigkeit von 6–8 S/min gewährleistet der halbautomatische Lader. Das Fahrzeug ist mit einer modernen Feuerleitanlage ausgestattet. Die Schussweite beträgt mit konventionellen Sprenggranaten 18 km, mit reichweitengesteigerten Geschossen bis zu 27 km. Die Kampfbeladung umfasst 40 Schuss. Zur Selbstverteidigung und zum Schutz vor Luftangriffen ist auf dem Turmdach ein 12,7-mm-Maschinengewehr montiert. Der Antrieb besteht aus einem 590-PS-Dieselmotor, mit der die PLZ-07B auf gutenn Straßen 60–65 km/h erreicht. Im Wasser bewegt sie sich mit etwa 10 km/h fort. Der Straßenfahrbereich liegt bei 500 km.

Die schwimmfähige 122-mm-Panzerhaubitze PLZ-07B steht bei der chinesischen Marineinfanterie in Dienst.

122-mm-Panzerhaubitze PLZ-07B.

122-mm-Radhaubitze PCL-09

Die selbstfahrende PCL-09 gehört zu einer in den 2000er-Jahren eingeführten Familie selbstfahrender Geschütze auf Radfahrwerken, mit der die VBA die taktische und operative Beweglichkeit ihrer Artillerie zu erhöhen trachtete. Von einiger Bedeutung ist auch der Wunsch, eine führende Position auf dem globalen Waffenmarkt einzunehmen, indem ausreichend wirksame Artilleriesysteme auf Radfahrgestellen zu einem niedrigeren Preis angeboten werden können als Selbstfahrlafetten mit Kettenantrieb. Die Panzerhaubitze PCL-09 führte die VBA bei einem Manöver des Jahres 2010 erstmals vor. Sie ist für die Feuerunterstützung der motorisierten Schützenverbände mechanisierter Brigaden vorgesehen. Berichten zufolge verfügt die VBA über etwa 600 Panzerhaubitzen PCL-09. Bei diesem Typ handelt es sich um keine Radpanzerhaubitze, sondern um

Technische Angaben 122-mm-Radhaubitze PCL-09	
Besatzung/Bedienung	4–5
Gefechtsgewicht, t	16,5
Abmessungen, mm:	
Wannenlänge	7000
Breite	3300
Höhe	2500
Bewaffnung (Kaliber), mm:	
Geschütz	122-mm-Typ 96
Maschinengewehr	12,7-mm-MG
Kampfbeladung, Schuss:	
Geschütz	40
Maschinengewehr	650
Höchstschussweite, km	18–27
Feuergeschwindigkeit, S/min	6–8
Motorleistung, PS	440
Höchstgeschwindigkeit, km/h	85
Fahrbereich, km	600

122-mm-Radhaubitzen PCL-09 demonstrieren die Schießstellung.

122-mm-Radhaubitze PCL-09, Seitenansicht in Marschlage.

eine ungepanzerte Selbstfahrlafette. Das Fahrgestell stellte der allradgetriebene dreiachsige Armeelastwagen Shaanxi SX-2150 und das Geschütz die bewährte 122-mm-Feldhaubitze PL-96 (Typ 96), wie schon bei den Panzerhaubitzen Typ 70, 89 und 07. Auf dem Marsch kommt die vierköpfige Bedienung plus Fahrer im Führerhaus des Lkw unter, in Feuerstellung steht sie mehr oder weniger ungeschützt neben bzw. hinter dem Geschütz. Das Fahrzeug verfügt über einen sparsamen 440-PS-Dieselmotor, mit dem es auf festen Straßen bis zu 85 km/h erreicht, also bei Verlegungen wesentlich schneller und Kraftstoff-sparender ist als Panzerhaubitzen auf Ketten. Im Vergleich zu jenen wiegt die PCL-09 mit lediglich 16,5 t zudem deutlich weniger. Eine zentrale Reifendruck-Regelanlage verbessert die Geländetauglichkeit des Fahrzeugs. Die mehrfach beschriebene Haubitze PL-96 (Typ 96) braucht hier nicht erneut vorgestellt zu werden. Die Ladefläche, auf der die Haubitze montiert ist, enthält auch Boxen für Granaten und Ladungen/Kartuschen. Die Kampfbeladung besteht wie bei den 122-mm-Panzerhaubitzen aus 40 Schuss. Um die Stabilität des Geschützes beim Feuerns zu erhöhen, ist die Plattform mit Stützen ausgestattet, die in Feuerstellung auf den Boden abgesenkt werden. Die Haubitze verschießt alle von Norinco hergestellten 122-mm-Granaten. Die Schussweite der herkömmlichen Sprenggranate beträgt 18 km, der ERFB-BB-Granate 22 km und der Granate mit Raketenzusatzantrieb 27 km. Laserlenkgeschosse lassen sich ebenfalls verschießen. Die Feuerleitung erfolgt mittels einer rechnergestützten Feuerleitanlage einschließlich Navigations-, Ortungs- und Zielführungsgeräten. Die Radhaubitze ist Berichten zufolge in der Lage, den ersten Schuss eine Minute nach Beziehen der Feuerstellung abzugeben, während sie den Übergang von der Marsch- in die Gefechtsstellung, das Abfeuern von sechs Schuss und den erneuten Übergang in die Marschlage in drei Minuten bewältigt. Auf dem Kabinendach lässt sich ein 12,7-mm-Maschinengewehr zur Selbstverteidigung und zum Schutz gegen Luftangriffe aufbauen. Eine PCL-09-Batterie besteht in der Regel aus sechs Geschützen und einem Führungsfahrzeug, das Zielinformationen liefert. Eine PCL-09-Abteilung besteht aus mehreren Batterien, einem Führungs- und Stabsfahrzeug, einem Wetterradar, einem Artillerieradar und mehreren Aufklärungsfahrzeugen. Alle Fahrzeuge sind mit mittleren Militärtransportflugzeugen luftverlastbar.

122-mm-Radhaubitze PCL-09 beim Feuern.

Mit der 122-Radhaubitze PCL-09 erhöhte die VBA die taktische Beweglichkeit ihrer Feldartillerie. Als Trägerfahrzeug dient ein dreiachsiger Militär-Lkw Shaanxi SX-2150.

6201 LX32

122-mm-Radpanzerhaubitze PLL-09

Die Artillerieabteilungen der schnellen Einsatzbrigaden und der Marineinfanteriebrigaden der VBA verfügen zusammen über etwa 350 hochbewegliche 122-mm-Radpanzerhaubitzen PLL-09. Dieses Modell stellt Norinco seit 2009 her. Es ist auf dem Fahrgestell des gepanzerten 8 x 8-Mannschaftstransportwagens ZBL-09 aufgebaut. Motor und Getriebe befinden sich im Bug vorn rechts, links davon der Fahrer. Fahrzeugkommandant/Geschützführer, Richtkanonier und zwei Ladekanoniere sind im Kampfraum des rundum schwenkbarem Drehturms im mittleren und hinteren Teil der Wanne untergebracht. Die Bewaffnung bildet die hinlänglich bekannte 122-mm-Haubitze Typ 96 L/32 mit Höhenrichtbereich –3° bis +70°. Sie verschießt sämtliche 122-mm-Munition chinesischer und russischer Fertigung. Die Höchstschussweite einer konventionellen Sprenggranate beträgt 18 km,

Technische Angaben 122-mm-Radpanzerhaubitze PLL-09	
Besatzung/Bedienung	5
Gefechtsgewicht, t	11
Abmessungen, mm:	
Wannenlänge	8000
Breite	3000
Höhe	3000
Bewaffnung (Kaliber), mm:	
Geschütz	122-mm-Typ 96
Maschinengewehr	12,7-mm-MG
Kampfbeladung, Schuss:	
Geschütz	40
Maschinengewehr	650
Höchstschussweite, km	18–27
Feuergeschwindigkeit, S/min	6–8
Motorleistung, PS	440
Höchstgeschwindigkeit, km/h	100
Fahrbereich, km	600

Die Radpanzerhaubitze PLL-09 verfügt über hervorragende Geländegängigkeit und erreicht auf Straßen eine Spitzengeschwindigkeit von 100 km/h.

Radpanzerhaubitze PLL-09 bei einer amphibischen Landungssübung.

eines reichweitengesteigerten Geschosses 27 km. Auch lasergelenkte Geschosse lassen sich verschießen. Die Kampfbeladung besteht aus 40 Schuss. Eine rechnergestützte Feuerleitanlage mit Geschossflugbahnrechner leistet im Feuerkampf gute Dienste. Die Zusatzbewaffnung besteht aus einem 12,7-mm-Maschinengewehr mit 650 Schuss auf dem Turmdach. Die Wanne aus geschweißten Panzerstahlblechen bietet Schutz gegen 7,62-mm- und die Frontpanzerung gegen panzerbrechende 12,7-mm-Geschosse. Eine ABC-Schutz- und eine automatische Brandunterdrückungsanlage gehören zum Standard. Das 8 x 8-Fahrwerk verleiht der 21 t schweren PLL-09 in Verbindung mit der Reifendruck-Regelanlage und dem 440 PS leistenden BF6M105-Dieselmotor eine Geländegängigkeit, die der von Kampfpanzern gleichkommt. Die Radpanzerhaubitze PLL-09 ist zudem voll amphibisch und überwindet Wasserhindernisse ohne Vorbereitung schwimmend. Zwei Wasserstrahlantriebe treiben sie dabei mit bis zu 8 km/h durchs nasse Element.

Nein, sie brennt nicht: Beim Schießen mit der PLL-09 kann „Feuerzauber" entstehen. Trotzdem ist dieses gewaltige Mündungsfeuer ebenso ungewöhnlich wie verräterisch.

Die schwimmfähige 122-mm-Radpanzerhaubitze PLL-09 mit rundum schwenkbarem Drehturm.

06-15

122-mm-Radhaubitze PCL-161

Zur Ausrüstung der Artillerieabteilungen der VBA-Gebirgsbrigaden gehören leichte 122-mm-Radhaubitzen PCL-161. Für die Feuerunterstützung in unwegsamem Gelände konzipiert, erhielten sie das Fahrgestell des 4 x 4-Lkw CTM-133, der zur Fahrzeugfamilie FAW MV3 gehört. Die gepanzerte Kabine nimmt außer dem Fahrer die vierköpfige Geschützbedienung auf; jedenfalls auf dem Marsch. In Feuerstellung bedient sie die hinten auf der Ladefläche untergebrachte 122-mm-Haubitze Typ 96 L/38 weitgehend vom Boden aus. Dabei werden Fahrzeug und Geschütz über vier Stützen stabilisiert. Eine mechanisierte Ladevorrichtung ermöglicht eine Feuergeschwindigkeit von bis zu 8 S/min. Die PCL-161 verschießt die übliche chinesische und russische 122-mm-Munition und erreicht mit Sprenggranaten eine Schussweite bis 22 km; mit Geschossen mit Raketenzusatzantrieb bis zu 30 km. Des Weiteren zählen lasergelenkte Granaten zur Palette. Die Feuerleiteinrichtungen ermöglichen die automatische Berechnung von Feuerdaten, den Empfang von Schießdaten vom Artillerieführungsfahrzeug und das Richten der Waffe über Navigations- und Positionierungsgeräte. Für den Übergang vom Marsch in die Feuerstellung und umgekehrt benötigt die Bedienung nur 1 Minute, einschließlich der Abgabe mehrerer Schüsse. Dadurch kann die Haubitze die Stellung wechseln, bevor feindliche

Technische Angaben 122-mm-Radhaubitze PCL-161	
Besatzung/Bedienung	5
Gefechtsgewicht, t	12-13
Bewaffnung (Kaliber), mm:	
Geschütz	122-mm-Typ 96 L/38
Maschinengewehr	–
Kampfbeladung, Schuss:	20
Höchstschussweite, km	22-30
Feuergeschwindigkeit, S/min	bis zu 8
Höchstgeschwindigkeit, km/h	90
Fahrbereich, km	600

Batterien mit Gegenfeuer antworten. Die Kampfbeladung beträgt 20 Schuss in Behältern auf der Ladefläche vor dem Geschütz. Die hohe taktische Beweglichkeit der Radhaubitze gewährleistet neben dem geringen Gefechtsgewicht von 12–13 t und

der kompakten Bauform nicht zuletzt das allradgetriebene 4 x 4-Fahrgestell des Lkw CTM-133, dessen Dieselmotor Geschwindigkeiten von bis zu 90 km/h auf befestigten Straßen ermöglicht. Der Fahrbereich beträgt 600 km. Außerdem lässt sich die Radhaubitze mit mittleren Transportflugzeugen luftverfrachten. Eine zentrale Reifendruck-Regelanlage und ein fortschrittliches Reifenprofil verbessern die Geländegängigkeit der PCL-161, die bis zu 0,5 m hohe senkrechte Hindernisse, 0,5 m breite Gräben und bis zu 1 m tiefe Wasserhindernisse überwindet. Eine PCL-161-Abteilung umfasst in der Regel drei Batterien zu je 6–9 Geschützen und ein Führungsfahrzeug. Insgesamt verfügt die VBA über mehr als 60 (nach anderen Quellen über 300) Radhaubitzen PCL-161.

Die 122-mm-Radhaubitze PCL-161 verwendet das Fahrgestell des 4 x 4-Lkw CTM-133.

122-mm-Radhaubitze PCL-161 in Schießstellung.

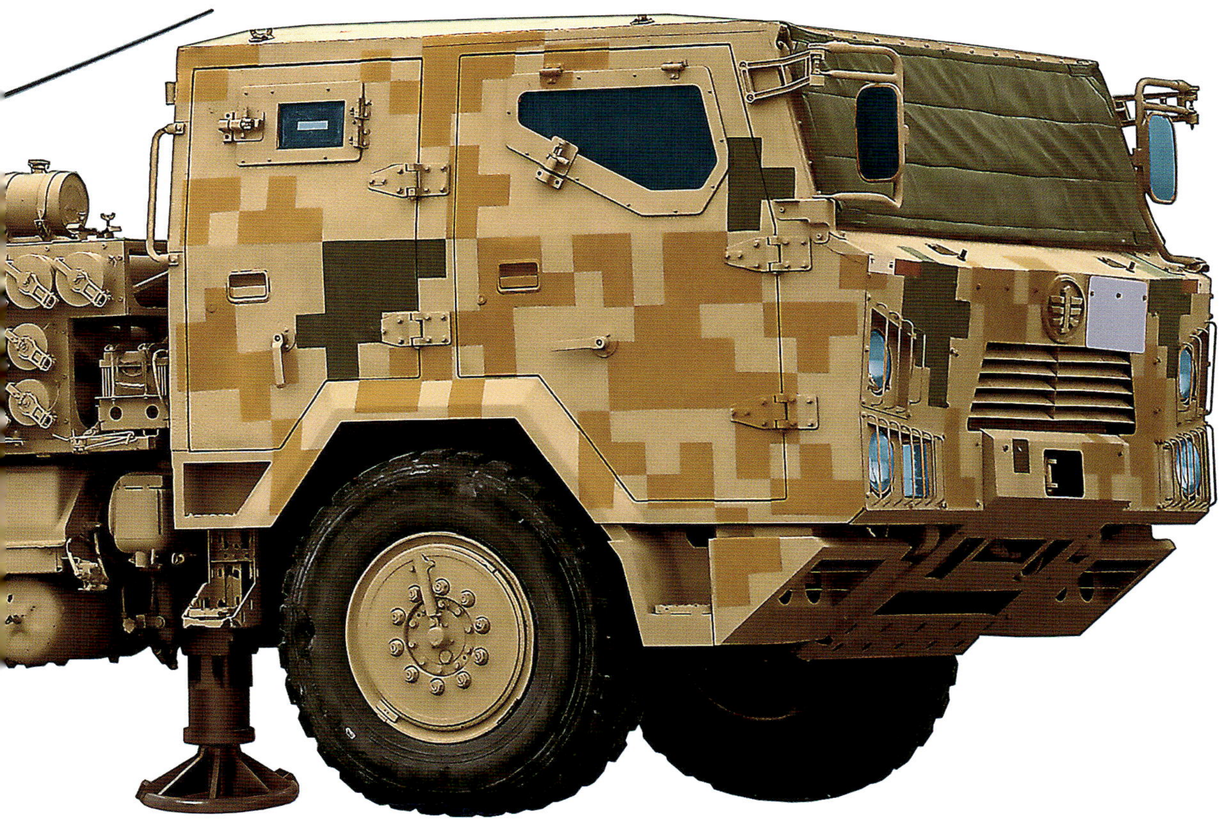

122-mm-Radhaubitze SH-2

2007 präsentierte Norinco die in erster Linie für den Export bestimmte leichte 122-mm-Radhaubitze SH-2, die sich aber aufgrund ihrer Kompaktheit und des geringen Gefechtsgewichts von 11,5 t grundsätzlich auch für die Gebirgs-, Luftlande- und Marineinfanteriebrigaden der VBA eignete sowie für die Verbringung mit mittleren Transportflugzeugen. Berichten zufolge beschaffte Nigeria im Jahr 2020 ein Los SH-2-Haubitzen; über Lieferungen an die VBA liegen dem Verfasser bislang keine Meldungen vor. Die SH-2 verwendet eine modifizierte Haubitze Typ 96 (PL-96), die auf ein neu entwickeltes Fahrgestell gesetzt wurde, das möglicherweise Anleihen beim US-amerikanischen Geländewagen HMMWV nahm. Die Besonderheit des 6 x 6-Fahrwerks besteht in der Lenkbarkeit der ersten und dritten Achse, was ihm besondere Beweglichkeit verleiht. Das ABC-sichere

Technische Angaben 122-mm-Radhaubitze SH-2	
Besatzung/Bedienung	5
Gefechtsgewicht, t	11,5
Abmessungen, mm:	
Wannenlänge	8500
Breite	2500
Höhe	2950
Bewaffnung (Kaliber), mm:	
Geschütz	122-mm-Typ 96
Maschinengewehr	–
Kampfbeladung, Schuss:	
Geschütz	24
Höchstschussweite, km	22–27
Feuergeschwindigkeit, S/min	6–8
Motorleistung, PS	215
Höchstgeschwindigkeit, km/h	90
Fahrbereich, km	600

Die leichtere Ausführung in 105 mm nennt sich Radhaubitze SH-5.

122-mm-Radhaubitze SH-2; Frontansicht.

Führerhaus nimmt die vierköpfige Geschützbedienung plus Fahrer auf. Die Panzerung schützt vor Handwaffengeschossen und Granatsplittern. Für den Antrieb sorgt ein 215 PS leistender Dieselmotor, der Spitzengeschwindigkeiten bis zu 96 km/h ermöglicht. Der Fahrbereich beträgt 600 km. Eine zentrale Reifendruck-Regelanlage sorgt zusammen mit dem Allradantrieb für hohe Geländegängigkeit. Die im Heck montierte, rundum schwenkbare Haubitze Typ 96 mit Höhenrichtbereich 0° bis +70° verschießt die übliche 122-mm-Haubitzmunition. Die Höchstschussweite hängt von Geschossart und Ladungskonfiguration ab und reicht von 22 bis 27 km. Beim Übergang in die Feuerstellung fahren zwei hydraulische Stützen aus und stabilisieren das Geschütz beim Schießen. Die SH-2 soll bereits eine Minute nach Beziehen der Feuerstellung den ersten Schuss abgeben können, während es drei Minuten dauert, die Haubitze von der Marsch- in die Feuerstellung zu bringen, sechs Schuss abzugeben und wieder die Fahrstellung einzunehmen. Insofern hat die SH-2 gute Chancen, nicht aufgeklärt und von feindlichem Gegenfeuer

Die 122-mm-Radhaubitze SH-2 mit Sechsrad-Fahrwerk schuf Norinco hauptsächlich für den Exportmarkt.

getroffen zu werden. Die auf dem Chassis untergebrachte Kampfbeladung umfasst 24 Schuss. Interessant der Umstand, dass Norinco für Exportzwecke nicht nur die leichtere 105-mm-Haubitze SH-5 auf SH-2-Fahrgestell entwickelte, sondern auch die schwere 152-mm-PL-66 (D-30).

Feuernde 122-mm-Radhaubitze SH-2.

122-mm-Radhaubitze PCL-171

Die Gebirgs- und Luftlandebrigaden der VBA verfügen über mehr als 120 leichte 122-mm-Radhaubitzen PCL-171. Die ersten Fotos aus der Erprobung erschienen 2020. Im selben Jahr wurde die PCL-171 von der VBA übernommen und in Serie gefertigt. Eine PCL-171-Batterie besteht Berichten zufolge aus sechs Geschützen, einem Führungs- und Feuerleitfahrzeug sowie Munitionsversorgungsfahrzeugen. Wie die ähnliche 122-mm-Radhaubitze SH-2 (siehe oben) verwendet auch die PCL-171 ein Lkw-Fahrgestell, in ihrem Fall das des 6 x 6 Dongfeng CTL-181A. Im gepanzerten Führerhaus findet neben dem Fahrer die vierköpfige Geschützbedienung Platz. Hinter der Kabine mit charakteristischer Motorhaube sind auf der Ladefläche die Gestelle mit der Bereitschaftsmunition und die rundum schwenkbare 122-mm-Haubitze Typ 96 (PL-96) montiert. In Feuer-

Technische Angaben 122-mm-Radhaubitze PCL-171	
Besatzung/Bedienung	5
Gefechtsgewicht, t	11
Abmessungen, mm:	
Wannenlänge	6540
Breite	2380
Höhe	2130
Bewaffnung (Kaliber), mm:	
Geschütz	122-mm-Typ 96
Maschinengewehr	–
Kampfbeladung, Schuss:	28
Höchstschussweite, km	18–27
Feuergeschwindigkeit, S/min	8
Motorleistung, PS	295
Höchstgeschwindigkeit, km/h	120
Fahrbereich, km	700

Eine Batterie Radhaubitzen PCL-171 beim Feuerschlag.

122-mm-Radhaubitze PCL-171 beim Schießen im direkten Richten.

stellung fahren zwei hydraulische Stützen aus und stabilisieren das Geschütz, das die übliche Palette an 122-mm-Haubitzmunition verschießt und dank automatisierter Ladehilfen eine Schussfolge von bis zu 8 S/min erreicht. Die Höchstschussweite mit Sprenggranaten beträgt 18 km, mit reichweitengesteigerten Geschossen 27 km. Auch der Verschuss lasergelenkter Geschosse ist möglich. Dank fortschrittlicher Feuerleitanlage braucht die Bedienung nur die Zielkoordinaten einzugeben, worauf die Kanone auf Knopfdruck richtet. Die Schießdaten für Batterie und/oder Einzelgeschütz liefert ein Führungs- und Feuerleitfahrzeug, das Informationen von Satelliten, Drohnen, Artilleriebeobachtern und Radargeräten verarbeitet. Es verfügt über einen Teleskopmast mit verschiedenen Sensoren, darunter ein Artillerieradar. Das Fahrzeug kann Zieldaten selbst generieren oder von externen Quellen empfangen. Ein wassergekühlter 295-PS-Dieselmotor verleiht der Radhaubitze PCL-171 eine Geschwindigkeit von bis zu 120 km/h. Die zentrale Reifendruck-Regelanlage erhöht ihre Geländegängigkeit. Sie überwindet 0,45 m hohe senkrechte Hindernisse, 0,7 m breite Gräben und bis zu 1,2 m tiefe Wasserhindernisse. Der Straßenfahrbereich beträgt 700 km. Verlegungen über große Entfernungen finden in mittleren Transportflugzeugen oder, wie bei anderen Fahrzeugen und Geschützen üblich, auf der Schiene statt.

Ein Los neuer PCL-171, bereit zur Übergabe an die VBA. Diese verfügt nach eigenen Angaben über rund 120 dieser leichten 122-mm-Radhaubitzen.

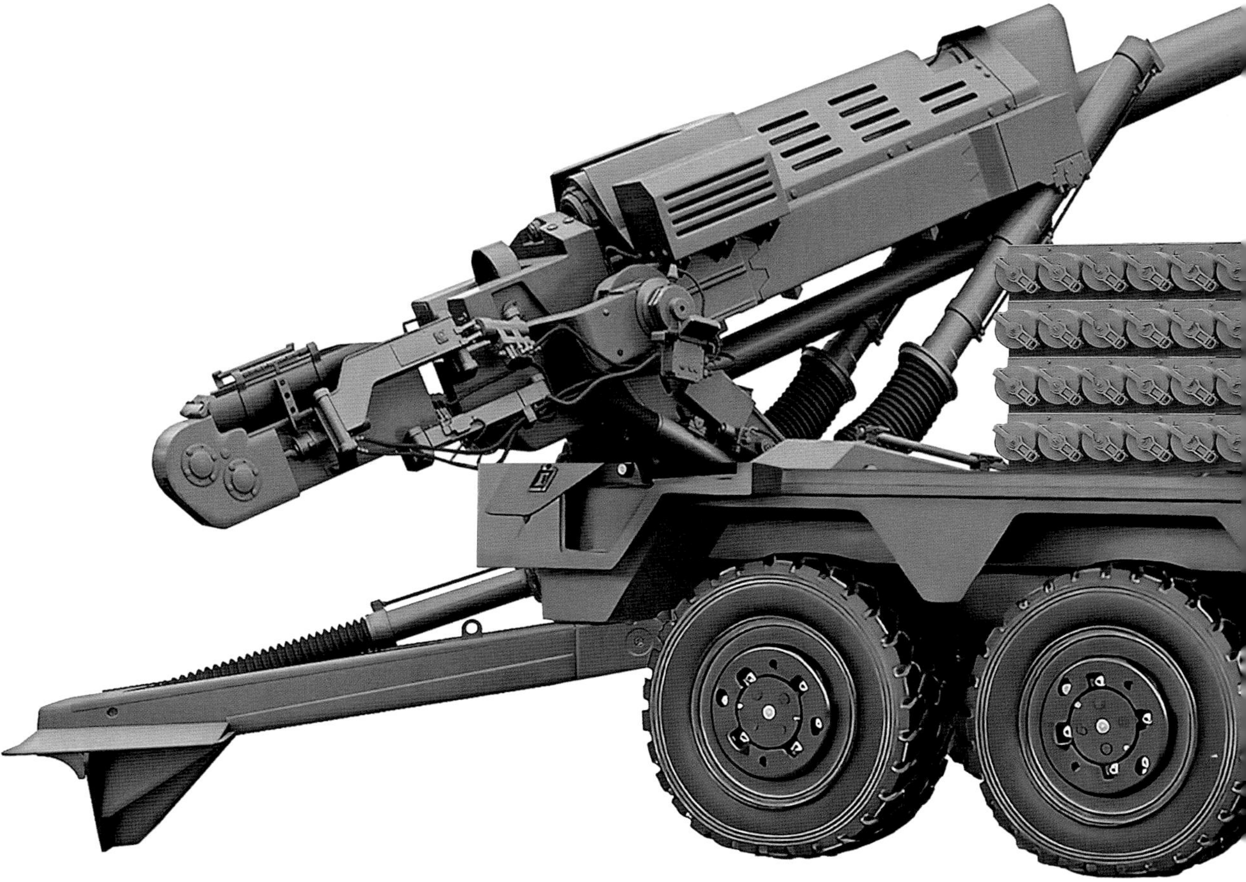

122-mm-Radaubitze PCL-171 für Gebirgs- und Luftlandebrigaden.

152-mm-Panzerhaubitze Typ 83

Die 152-mm-Panzerhaubitze wurde in den späten 1970er-Jahren von Ingenieuren des Werks Nr. 674 in Harbin entwickelt. Im Februar 1980 lag ein erster Prototyp vor, 1983 begann die Serienfertigung unter der Bezeichnung Typ 83. Öffentlich in Erscheinung trat die neue Waffe erstmals 1983 bei einer Militärparade in Peking; sie ging vor allem an die Artillerieregimenter der Panzer- und motorisierten Schützendivisionen. Zwischenzeitlich nicht mehr hergestellt, sollen noch etwa 150 Haubitzen bei Artillerieabteilungen einiger mechanisierter Brigaden in Dienst stehen; rund 200 Stück befinden sich in Langzeitlagerung. In Aufbau und Bewaffnung entspricht der Typ 83 der sowjetischen Panzerhaubitze 2S3 „Akazija" (Akazie)*. Im vorderen Teil der gepanzerten Wanne befinden sich auf der rechten Seite Motor und Getriebe, links davon der Fahrer. Der Kampfraum mit Drehturm nimmt den mittleren und hinteren Teil der Wanne ein und beherbergt neben dem Geschütz die dreiköpfige Bedienung aus Geschützführer, Richt- und Ladekanonier. Wanne und Turm bestehen aus geschweißten und gewalzten Panzerstahlblechen, die vor Handwaffengeschossen und Granatsplittern schützen. Bei der 152-mm-Waffe handelt es sich um eine Modifizierung der gezogenen Haubitze Typ 66 (siehe dort), dem chinesischen Nachbau der russischen Haubitze D-20. Aufgrund des Einbaus in einen geschlossenen Turm erhielt das Rohr einen Rauchabsauger, der nach dem Schuss die Pulvergase aus dem Rohr entfernt und so ihr Eindringen in den Kampfraum verhindert. Auch die Anordnung von Rohrbrem-

Technische Angaben 152-mm-Panzerhaubitze Typ 83	
Besatzung/Bedienung	4
Gefechtsgewicht, t	30
Abmessungen, mm:	
Wannenlänge	6882
Breite	3236
Höhe	3502
Bewaffnung (Kaliber), mm:	
Geschütz	122-mm-Typ 66
Maschinengewehr	12,7-mm-MG 54
Kampfbeladung, Schuss:	
Geschütz	30
Maschinengewehr	650
Höchstschussweite, km	17,23–21,88
Feuergeschwindigkeit, S/min	4
Motorleistung, PS	520
Höchstgeschwindigkeit, km/h	55
Fahrbereich, km	450

Die 152-mm-Panzerhaubitze Typ 83 stellt eine Entwicklung der 1970er-Jahre dar.

152-mm-Panzerhaubitze Typ 83 beim Scharfschießen auf einem Übungsplatz.

sen und Vorholer wurde geändert. Beim Anrichten des Geschützes wird der um 360° drehbare Turm hydraulisch geschwenkt; das Höhenrichten der Waffe erfolgt händisch im Winkelbereich von –5° bis +65° (der ist relativ flach, weshalb man beim Typ 83 auch von einer Panzerkanonenhaubitze spricht). Die Haubitze verschießt dieselbe getrennte Munition wie die gezogene 152-mm-Haubitze Typ 66, wobei hauptsächlich Spreng- und Nebelgranaten verwendet werden. Die Höchstschussweite der 43,56 kg schwere Sprenggranate liegt bei 17.230 m, die der Sprenggranate mit Raketenzusatzantrieb bei 21.880 m. Die Kampfbeladung besteht aus 20 Schuss, gelagert in Gestellen der Wanne und des Turms. Die Munitionsergänzung findet durch Luken im Wannenheck oder in den Turmseiten/Turmheck statt. Die Zusatzbewaffnung besteht aus einem 12,7-mm-Maschinengewehr Typ 54 (DschK) auf dem Turmdach. Als Antrieb dient der Panzerhaubitze Typ 83 ein 520 PS leistender Zwölfzylinder-V-Dieselmotor 12150L, gekoppelt an ein manuelles Schaltgetriebe. Das Laufwerk weist sechs gummierte Doppellaufrollen und drei Stützrollen je Seite auf; Antriebsrad vorn, Leitrad hinten. Die Panzerhaubitze kann Steigungen bis zu 30°, bis zu 0,7 m hohe senkrechte Hindernisse, bis zu 2,7 m breite Gräben und bis zu 1,3 m tiefe Wasserhindernisse ohne Vorbereitung überwinden. Die 885 l Kraftstoffvorrat reichen für 450 km auf der Straße. Zur Ausstattung gehören Funk und eine Feuerlöschanlage.

Über längere Strecken wurden bzw. werden Panzerhaubitzen Typ 83, wie andere Kettenfahrzeuge auch, mit der Bahn transportiert.

---

* Vgl. Schunkow: Die Waffen der Russischen Armee. Infanterie & Artillerie. Seiten 181–183.

152-mm-Panzerhaubitze Typ 83, rechte Bugansicht.

Panzerhaubitzen Typ 83 defilieren auf einer Parade.

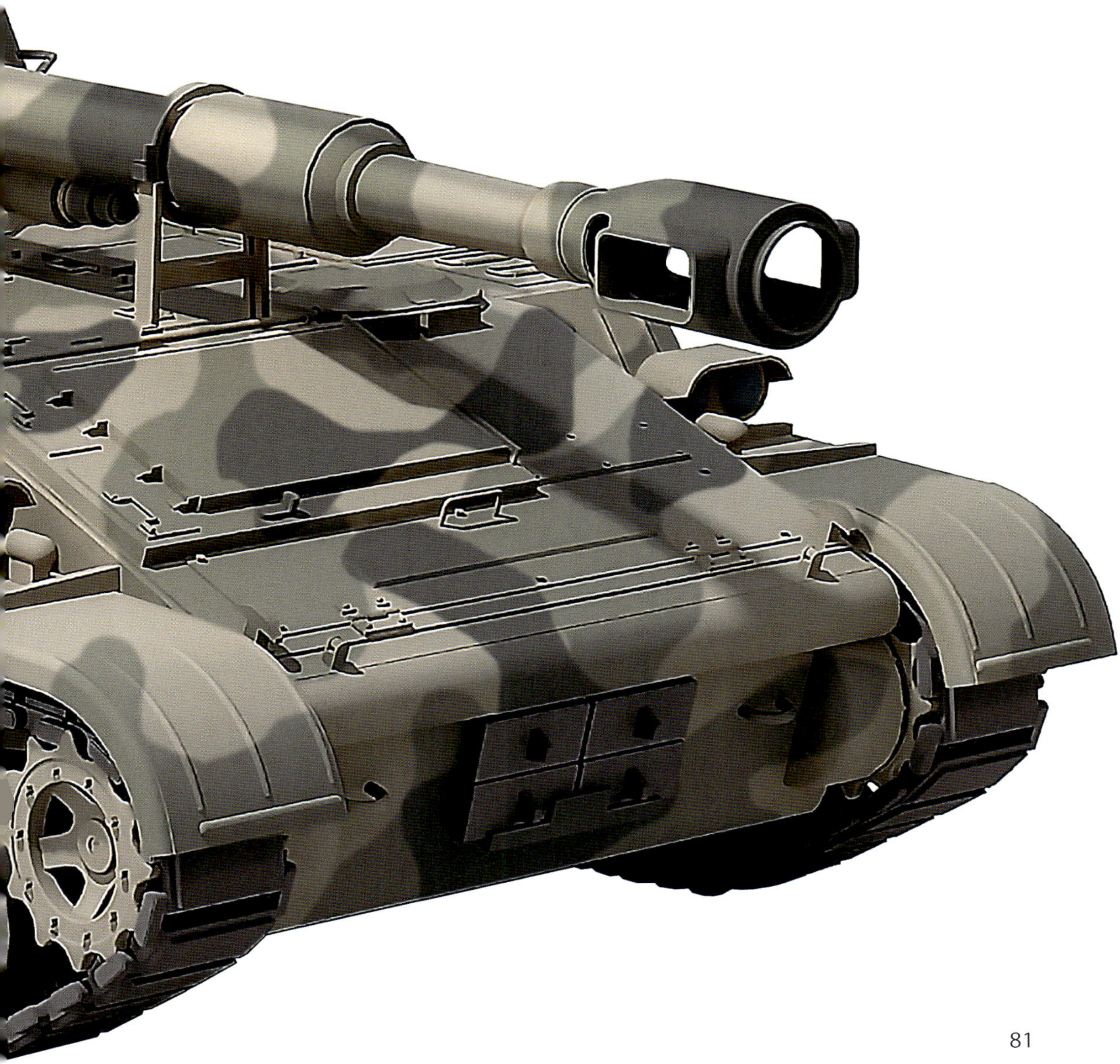

155-mm-Panzerhaubitze PLZ-45 und PLZ-45A4

Norinco gelang es, die taktische Beweglichkeit der gezogenen 155-mm-Kanonenhaubitze Typ 89 (PLL-01; siehe dort) durch die Entwicklung einer selbstfahrenden Ausführung erheblich zu steigern. Die Arbeiten an dieser Panzerhaubitze PLZ-45 begannen Anfang der 1990er-Jahre, 1997 exportierte China die ersten Geschütze nach Kuwait. In der Folge beschafften die Streitkräfte von Algerien, Saudi-Arabien und Bangladesch die Panzerhaubitze PLZ-45. Und die VBA rüstete die im Pekinger Militärbezirk stationierten Artilleriebrigaden mit etwa 200 Stück aus. Der Aufbau der PLZ-45 entspricht dem Üblichen, mit Motor, Getriebe und Fahrer im vorderen Wannenbereich. Dem Fahrer stehen bei geschlossener Luke zwei Winkelspiegel und ein Nachtsichtgerät zur Verfügung. Der Kampfraum mit Drehturm und Geschütz nimmt den mittleren und hinteren Teil der Wanne ein. Beim Geschütz handelt es sich um den Waffenteil WAC-21 der gezogenen 155-mm-Kanonenhaubitze Typ 89/PLL-01, die wiederum einen Nachbau des von Dr. Gerald Bull konstruierten und in Österreich gebauten Modells GHN-45 mit Rohrlänge L/45 darstellt (siehe dort). Der Höhenrichtbereich der mit Turm rundum schwenkbaren Kanonenhaubitze beträgt –3° bis +72°. Für den Direktbeschuss

Technische Angaben 155-mm-Panzerhaubitze PLZ-45	
Besatzung/Bedienung	5
Gefechtsgewicht, t	33
Abmessungen, mm:	
Wannenlänge	10.150
Breite	3230
Höhe	3420
Bewaffnung (Kaliber), mm:	
Geschütz	155-mm-Typ 89 L/45
Maschinengewehr	12,7-mm-MG
Kampfbeladung, Schuss:	
Geschütz	30
Maschinengewehr	650
Höchstschussweite, km	25/39/50
Feuergeschwindigkeit, S/min	5
Motorleistung, PS	517
Höchstgeschwindigkeit, km/h	55
Fahrbereich, km	550

155-mm-Panzerhaubitze PLZ-45, die selbstfahrende Ausführung der gezogenen Kanonenhaubitze Typ 89.

155-mm-Panzerhaubitze PLZ-45 beim Feuern. Man beachte das aus dem Mündungsfeuer austretende Geschoss.

von Zielen nutzt der Richtkanonier ein ZF an der Vorderseite des Turms links vom Geschütz. Für das indirekte Schießen dient die in einer gepanzerten Haube auf der linken Seite des Turmdachs montierte Zielvorrichtung. Wie die gezogene Kanonenhaubitze PLL-01 verschießt die PLZ-45 geteilte Munition mit folgenden von Norinco hergestellten 155-mm-Geschossen: Sprenggranaten ERFB, ERFB-BB, ERFB-BB mit Raketenzusatzantrieb, ein Streugeschoss mit 72 Bomblets, Leuchtgranaten und Nebelgranaten. Die Kampfbeladung besteht aus 30 Schuss; für die Munitionsergänzung sorgt ein gepanzertes Nachschub-

Gepanzerter Munitionstransporter für die 155-mm-Panzerhaubitze PZL-45.

fahrzeug. Zur Selbstverteidigung und zum Schutz vor Luftangriffen dient ein 12,7-mm-Maschinengewehr auf dem Turmdach. Sowohl die Panzerhaubitze als auch das Munitionsfahrzeug bauen auf dem Kettenfahrgestell WZ-321 auf. Dessen sechs drehstabgefederte Laufrollen je Seite verfügen über Stoßdämpfer. Der im Motor- und Getrieberaum eingebaute 517-PS-Dieselmotor mit Turbolader – ein lizenziertes Aggregat der deutschen Firma Deutz – verleiht der 33 t schweren Panzerhaubitze PLZ-45 eine Höchstgeschwindigkeit von 55 km/h. Im Gelände überwindet sich bis zu 0,8 m hohe senkrechte Hindernisse, bis zu 2 m breite Gräben und bis zu 1,2 m tiefe Gewässer. Der Fahrbereich liegt bei 550 km. Im Jahr 2022 führte die VBA die verbesserte Ausführung PLZ-45A4 mit deutlich geänderter Turmform ein. Im vorderen Turmbereich stechen Nebelwurfbecher hervor, mit denen sich Nebel- bzw. Aerosolvorhänge legen lassen. Nach den Sensoren zur Erkennung von Laserstrahlung zu urteilen, befindet sich ein vollwertiges optoelektronisches Unterdrückungssystem an Bord, das in der Lage ist, die Lenkung feindlicher Präzisionsmunition zu stören. Rohrbremse und Vorholer wurden in einem speziellen Gehäuse untergebracht.

155-mm-Panzerhaubitze PZL-45; rechte Buganansicht.

Die Änderung der Dachgestaltung gab Anlass zur Annahme, dass die Panzerhaubitze ein vollautomatisches Ladesystem erhielt. Früher erfuhr die PLZ-45 Kritik wegen ihrer nach modernen Maßstäben geringen Feuergeschwindigkeit von 4–5 S/min; die konstante Feuerrate – also die Schussfolge bei längerem Schießen – betrug nur 2 S/min. Damit lag bzw. liegt die PLZ-45 deutlich hinter der Feuergeschwindigkeit der meisten vergleichbaren ausländischen Geschütze zurück. Die PLZ-45A4 dürfte aber mindestens die doppelte Schussfolge erreichen. Zudem wurden die automatische Feuerleitanlage modernisiert und die Munitionspalette aktualisiert. Ein weiteres Unterscheidungsmerkmal zum Vorgängermodell stellen die sich über die gesamte Wannenlänge erstreckenden Seitenschürzen der PLZ-45A4 dar; die PLZ-45 verfügt nur über kurze Seitenschürzen am Bug.

Die 155-mm-Panzerhaubitze PLZ-45 exportierte China in zahlreiche asiatische und afrikanische Länder. Diese Aufnahme entstand irgendwo in Afrika.

155-mm-Panzerhaubitze PLZ-52 (PLZ-05)

Die 155-mm-Panzerhaubitze PLZ-52 beruht auf der oben vorgestellten PLZ-45. Sie wurde von Norinco ab Mitte der 1990er-Jahre entwickelt. Ein erster Prototyp lag 2003 vor und 2005 wurde das Modell auf der Internationalen Waffenausstellung in Peking unter der Bezeichnung PLZ-52 vorgestellt (andere Bezeichnungen lauten PLZ-05 und Typ 05). Die VBA übernahm die Panzerhaubitze PLZ-52 im Jahr 2008 und zählte 2022 über mehr als 320 Stück im Bestand. Der Aufbau entspricht der PLZ-45 (siehe dort) und der Fahrer verfügt nun über drei statt bisher nur zwei Winkelspiegel. Im rundum schwenkbaren Drehturm kam anstatt einer 155-mm-Haubitze L/45 nun eine mit einem 52-Kaliber-Rohr (L/52) unter, wobei sich der Höhenrichtbereich mit –3° bis +65° etwas verringerte. Die Kanonenhaubitze erhielt einen automatischen Lader, der angeblich auf der Anlage der russischen 152-mm-Panzerhaubitze 2S19 „Msta-S" beruht, und eine Feuergeschwindigkeit von bis zu 8 S/min ermöglicht. Die Höchstschussweite konventioneller Sprenggranaten beträgt 39 km und von reichweitengesteigerten Geschossen bis zu 53 km – eine Steigerung gegenüber der PLZ-45 um einige Kilometer aufgrund des längeren Rohrs. Außerdem verschießt die PLZ.52 Lenkgranaten, die in China auf Grundlage des russischen „Krasnopol"-Geschosses entwickelt wurden. Aufgrund weitgehender Automatisierung verringerte sich die Turmbesatzung um einen Ladekanonier von vier auf drei Soldaten: Kommandant/Geschützführer, Richtkano-

155-mm-Panzerhaubitzen PLZ-52 auf einer Parade.

Die im Jahr 2008 bei der VBA eingeführte 155-mm-Panzerhaubitze PLZ-52 L/52 beruht auf der PLZ-45 L/45.

nier und Ladekanonier. Die Kommandantenkuppel mit Panoramavisier und 12,7-mm-MG befindet sich auf der linken Seite des Turms. Die PLZ-52 verfügt über eine digitale Feuerleitanlage, ein Zweikanal-Wärmebildvisier, einen Laserentfernungsmesser und möglicherweise über einen radargestützten Mündungsgeschwindigkeitsmesser. Ein Laser-/Glasfaser-Navigationskreiselsystem ermöglicht eine autonome Zielbekämpfung ohne Unterstützung durch ein Aufklärungsfahrzeug. Die rechnergestützte Technologie verbessert den Informationsaustausch und vereinfacht den Einsatz. Aufgrund der schnellen Herstellung der Feuerbereitschaft aus der Fahrstellung und umgekehrt der kurzen Zeit zum Verlassen der Stellung erhöhte sich die Überlebensfähigkeit der Panzerhaubitze auf dem modernen Gefechtsfeld beträchtlich. Zudem kann sich die PLZ-52 über die aus je zwei Wurfbechern beiderseits des Turms bestehende Nebelanlage feindlicher Sicht entziehen oder mit Aerosolschleiern Feindradar täuschen. Turm und Wanne bestehen aus geschweißten Panzerblechen, die vor Handwaffengeschossen und Granatsplittern schützen. Der im Motor- und Getrieberaum verbaute 1000-PS-Diesel mit Automatikgetriebe verleiht der PLZ-52 eine Höchstgeschwindigkeit von 65 km/h auf befestigten Straßen – rund 10 km/h mehr als bei der um ein paar Tonnen leichteren PLZ-45. Das drehstabgefederte Kettenlaufwerk weist sechs Lauf- und drei Stützrollen je Seite auf. Kettenschürzen decken den oberen Bereich ab. Neben der beschriebenen PLZ-52-Grundversion entwickelte

Technische Angaben 155-mm-Panzerhaubitze PLZ-52	
Besatzung/Bedienung	4
Gefechtsgewicht, t	35–40
Abmessungen, mm:	
Wannenlänge **Breite** **Höhe**	11.600 3380 3550
Bewaffnung (Kaliber), mm:	
Geschütz **Maschinengewehr**	155-mm-Typ 89 L/452 12,7-mm-MG
Kampfbeladung, Schuss:	
Geschütz **Maschinengewehr**	30 500
Höchstschussweite, km	39–53
Feuergeschwindigkeit, S/min	bis zu 8
Motorleistung, PS	1000
Höchstgeschwindigkeit, km/h	65
Fahrbereich, km	450–550

Norinco folgende Ausführungen:
- PLZ-05: Panzerhaubitze L/52, fünf Mann Besatzung, 800-PS-Motor.
- PLZ-04: Panzerhaubitze L/54, fünf Mann Besatzung.
- PLZ-04/04: Panzerhaubitze L/54, vier Mann Besatzung.
- PLZ-05B: Panzerhaubitze L/52 auf verlängertem Fahrgestell mit sieben Laufrollen.

Zur Munitionsergänzung von PLZ-52, PLZ-04 und PLZ-05 dient ein zusätzliches Transport-Nachladefahrzeug.

155-mm-Panzerhaubitze PLZ-52; Heckansicht links.

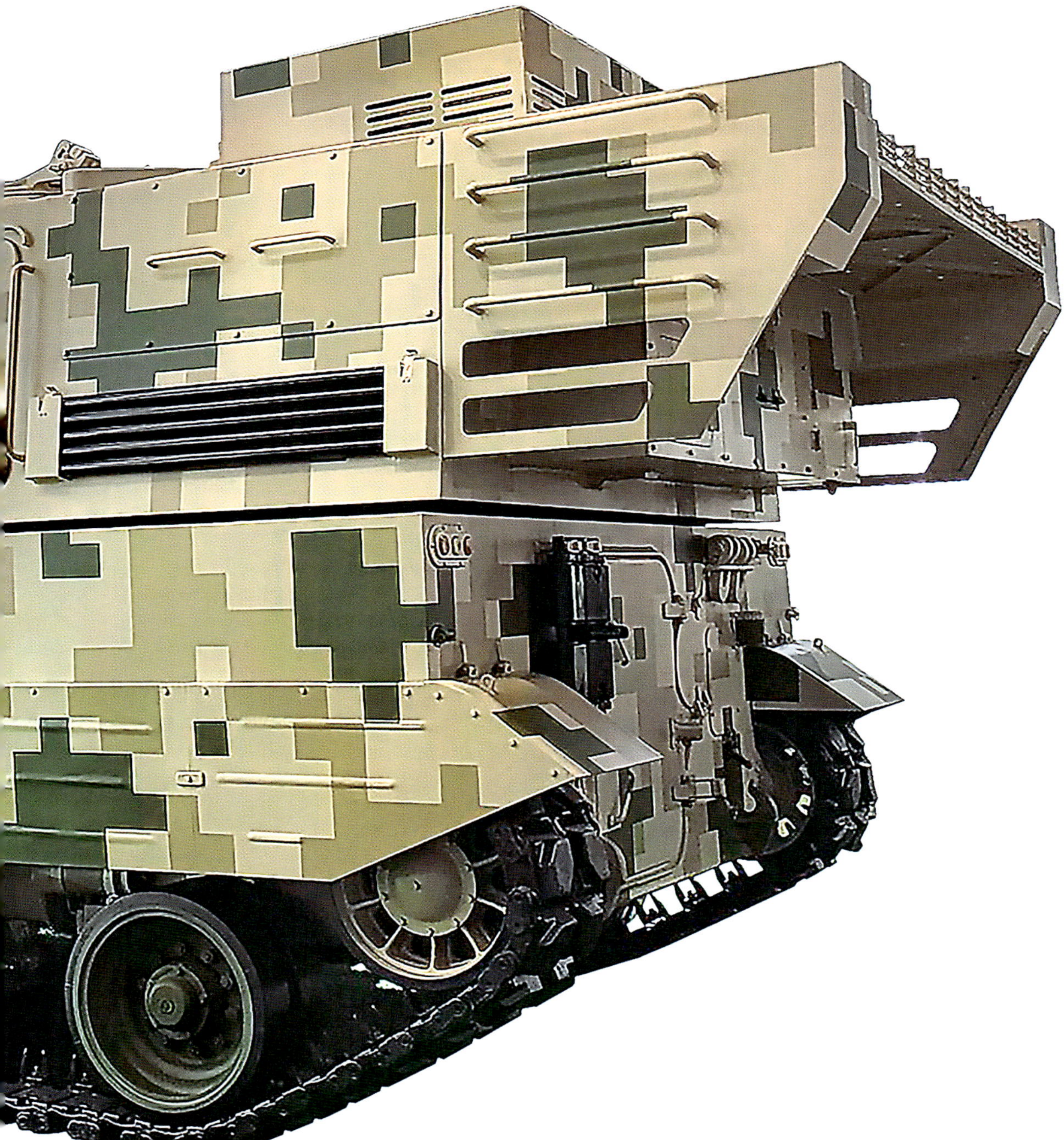

155-mm-Radhaubitze SH-1

Angesichts des Trends der letzten Jahrzehnte, Geschütze auf kostengünstige und schnelle Radstatt auf teure und langsame Kettenfahrgestelle zu setzen, begann Norinco 2002 mit der Entwicklung einer 155-mm-Haubitze auf Rädern. Der Bau erster Prototypen, die Erprobung und die Aufnahme der Serienfertigung verliefen recht zügig, so dass Pakistan als erster Auslandskunde 2012 die erste von 90 bestellten Radhaubitzen SH-1 in Empfang nehmen konnte. Auch Myanmar (Birma) beschaffte den Typ und Kambodscha erwägt die Beschaffung. Die chinesische Artillerie zog aus der Erprobung der SH-1 ihrerseits den Schluss, die verbesserte Ausführung SH-15 (siehe unten) zu übernehmen. Die Panzerhaubitze SH-1 baut auf dem Fahrgestell des geländegängigen Sechrad-Lkw (6 x 6) WS-5252 auf. Das gepanzerte Führerhaus mit ausgeprägter Motorhaube nimmt die fünfköpfige Geschützbedienung plus Fahrer auf. Zur Selbstverteidigung und zur Abwehr vor Luftangriffen dient ein 12,7-mm-Maschinengewehr auf dem Kabinendach. Auf der Ladefläche ist die 155-mm-Kanone AH-2 mit Rohrlänge L/52 und Mehrkammer-Mündungsbremse montiert. Eine breite und hydraulisch absenkbare Heckstütze mit Spornen stabilisiert Fahrzeug und Geschütz beim Feuern. Die motorunterstützte Richtanlage arbeitet im Höchenrichtbereich 0° bis +70°. Direktes Feuer ist ebenfalls möglich. Die SH-1 kann sämtliche 155-mm-Haubitzmunition der NATO sowie die neue, von Norinco hergestellte 155-mm-Munition verschießen. Die Höchstschussweite von 53 km erzielen reichweitengesteigerte Geschosse mit Raketenzusatzantrieb von Norinco. Zur Munitionspalette zählen des Weiteren hochpräzise Laser- und GPS-gesteuerte Geschosse chinesischer Herkunft. Die Kampfbeladung aus ingesamt 25 Schuss und sieben

155-mm-Radhaubitze SH-1

155-mm-Radhaubitzen SH-1 fahren zu einer Parade auf. Die rotchinesischen Streitkräfte beschafften den Typ allerdings nicht.

155-mm-Radhaubitze in Schießstellung. Man beachte die Heckstütze.

Technische Angaben 155-mm-Radhaubitze SH-1	
Besatzung/Bedienung	5–6
Gefechtsgewicht, t	22
Abmessungen, mm:	
Wannenlänge Breite Höhe	11.000 3400 etwa 3000
Bewaffnung (Kaliber), mm:	
Geschütz Maschinengewehr	155-mm-AH-2 L/52 12,7-mm-MG
Kampfbeladung, Schuss:	
Geschütz Maschinengewehr	25 500
Höchstschussweite, km	53
Feuergeschwindigkeit, S/min	4–6
Motorleistung, PS	330
Höchstgeschwindigkeit, km/h	90
Fahrbereich, km	600

unterschiedlichen Granattypen wird in Gestellen auf der Ladefläche mitgeführt. Die SH-1 führt den Feuerkampf über eine digitale rechnergesteuerte Feuerleit-, Ortungs- und Zielanlage. Zieldaten kann ein Führungs- und Feuerleitfahrzeug der Batterie beisteuern. Die für die VBA entwickelte Gliederung einer Radhaubitzenabteilung SH-1 umfasst vier Batterien (24 Fahrzeuge) mit je einem Batterieführungs- und Feuerleitfahrzeug, einem Stabsfahrzeug für den Abteilungskommandeur, einem Wetterradar, vier Aufklärungsfahrzeugen und einem Artillerieradar. Die SH-1 kann sich selbständig über weite Strecken bewegen; der Fahrbereich beträgt immerhin 600 km auf ausgebauten Straßen. Ein 330-PS-Motor verleiht der 22-t-Haubitze eine Spitzengeschwindigkeit von 90 km/h. Der Übergang von der Marsch- in die Feuerstellung nimmt nur eine Minute in Anspruch. Dann feuert die Haubitze binnen kurzer Zeit mehrere Granaten ab und verlässt die Feuerstellung ebenso zügig wieder, bevor feindliche Gegenbatterien das Feuer eröffnen können. Ihr relativ geringes Gewicht ermöglicht auch eine vergleichsweise unkomplizierte und schnelle Luftverlegung mit mittleren Transportflugzeugen. 2017 stellte Norinco die modernisierte 155-mm-Haubitze SH-1A vor, die sich durch Verbesserungen sowohl an der Kanone als auch am Fahrgestell auszeichnet. Insbesondere erhielt das SH-1A-Fahrgestell zwei zusätzliche Seitenstützen zur besseren Stabilisierung beim Feuern.

155-mm-Radhaubitze SH-1, rechte Bugansicht.

155-mm-Radpanzerhaubitze SH-11

Zu den jüngsten chinesischen Entwicklungen auf dem Gebiet der selbstfahrenden Artillerie zählt die 155-mm-Radpanzerhaubitze SH-11. Die ersten Meldungen über ihre Entwicklung erschienen Ende September 2018 in den chinesischen Medien. Ein Prototyp wurde auf der Internationalen Militär- und Technikausstellung in Peking im November des Jahres vorgeführt. Die Radpanzerhaubitze baut Berichten zufolge auf dem Achtradad-Fahrgestell des gepanzerten Mannschafttransportwagens/Schützenpanzers Typ 08 auf, auch bekannt als ZBL-08 oder VN-1. Im Bug sind Motor, Getriebe und Fahrer, im mittleren und hinteren Teil der Kampfraum mit Drehturm, Geschütz und zweiköpfiger Bedienung untergebracht. Die Wannengestaltung ist typisch für moderne gepanzerte Radfahrzeuge. Die Front besteht aus mehreren schrägen Panzerplatten unterschiedlicher Stärke, die Schutz gegen MG-Feuer und Granatsplitter bieten. Die Wannenseiten fallen durch die großen Radmulden und die zahlreichen Staukästen für Ausrüstung auf. Den Gesamteindruck beherrscht jedoch der große Drehturm mit Geschütz im mittleren und hinteren Wannenbereich. Beim Geschütz handelt es sich um den modifizierten Waf-

Technische Angaben 155-mm-Radhaubitze SH-11	
Besatzung/Bedienung	3
Gefechtsgewicht, t	36
Abmessungen, mm:	
Wannenlänge	8000
Breite	3000
Höhe	3500
Bewaffnung (Kaliber), mm:	
Geschütz	155-mm-AH-4 L/39
Maschinengewehr	12,7-mm-MG
Kampfbeladung, Schuss:	
Geschütz	keine Angaben
Maschinengewehr	500
Höchstschussweite, km	25–30
Feuergeschwindigkeit, S/min	5
Motorleistung, PS	440
Höchstgeschwindigkeit, km/h	90
Fahrbereich, km	800

155-mm-Radpanzerhaubitze SH-11.

fenteil der gezogenen 155-mm-Feldhaubitze AH-4 (siehe dort), ein Nachbau der US-amerikanischen Feldhaubitze M777. Das Rohr L/39 erhielt eine etwas geänderte Mehrkammer-Mündungsbremse und einen Rauchabsauger, der verhindert, dass Pulvergase in den Kampfraum gelangen. Rohrbremsen und Vorholer ragen aus dem Turm und sind durch ein rechteckiges Panzergehäuse geschützt. So weit bekannt, erfolgt das Richten über von der Feuerleitanlage gesteuerte Stelltriebe und notfalls auch händisch. Über die genauen Höhen- und Seitenrichtbereiche besteht noch Unklarheit. Es besteht jedoch Grund zur Annahme, dass die Fahrgestellkonstruktion kein Rundumschwenken erlaubt, während durchaus in höheren Winkelgruppen gefeuert werden kann. Berichte über die SH-11 erwähnen das Vorhandensein eines Ladeautomaten, der die getrennte Munition aus dem Stauraum im Turmheck zuführt. Nicht ohne Grund besteht die Turmbesatzung aus lediglich zwei Mann – Geschützführer und Richtkanonier. In Feuerstellung fährt die Bedienung vier Stützen zur Stabilisierung aus: ein Paar zwischen der zweiten und dritten Achse, ein weiteres am Heck. Der Aufbau der Ziel- und Feuerleitanlage entspricht aktuellen Vorstellungen. So sind beispielsweise zwei optoelektronische Einheiten auf dem Turmdach montiert; die eine für den Richtkanonier und die andere für den Geschützführer. Dieser verfügt über ein Rundum-Panoramasichtgerät. Alle Außengeräte sind elektronisch mit Steuerpulten an den Arbeitsplätzen im Turm verbunden. Die rechnergestützte Feuerleitanlage verarbeitet alle eingehenden Informationen und berechnet die Zieldaten, so dass die SH-11 entweder selbstständig als Einzelgeschütz oder im Verbund mehrerer SH-11 bzw. der Batterie wirken kann. Sie verschießt die gesamte Bandbreite an 155-mm-Haubitzmunition der NATO und der VR China. Konventionelle Sprenggranaten erreichen 25 km und reichweitengesteigerte Geschosse 30 km Höchstschussweite. Neu entwickelte chinesische Granaten mit Raketenzusatzantrieb sollen es auf 40 km bringen. Die Zusatzbewaffnung der SH-11 besteht aus einem schweren Maschinengewehr

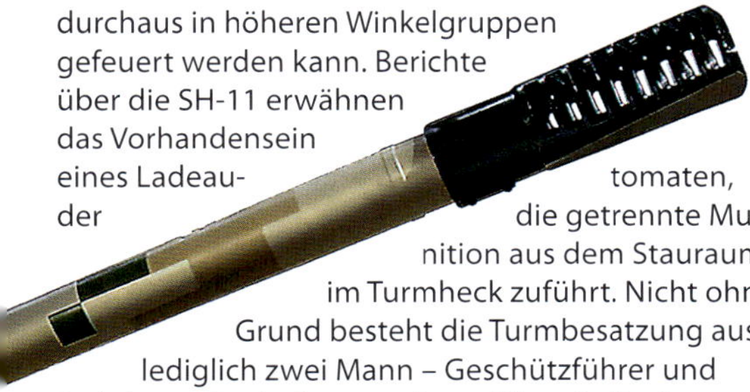

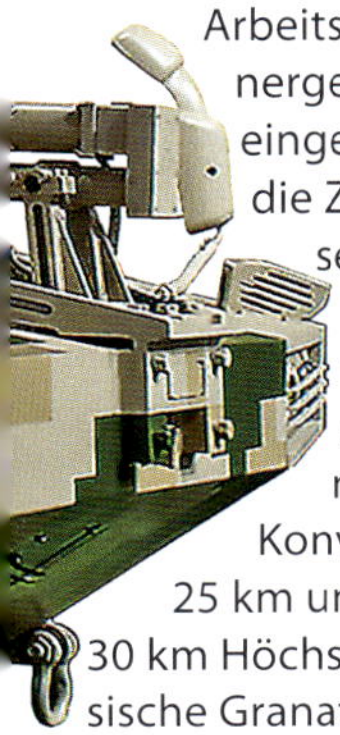

Der genaue Höhenrichtbereich der 155-mm-Radpanzerhaubitze SH-11 ist dem Verfasser nicht bekannt; die Aufnahme verdeutlicht jedoch die Möglichkeit zum Schießen in der oberen Winkelgruppe.

auf dem Turmdach. An der Turmfront befinden sich zwei Reihen Nebelwurfbecher, die nach vorn wirken. Wie im Grundfahrzeug, dem Radschützenpanzer ZBL-08, sorgt auch bei der SH-11 ein 440-PS-Dieselmotor BF6M1015C der deutschen Firma Deutz für den Antrieb. Ein leicht modifiziertes Schaltgetriebe überträgt das Drehmoment auf alle acht Räder. Im Unterschied zum SPz ZBL-08 ist die Panzerhaubitze SH-11 nicht schwimmfähig, weshalb die beiden Wasserstrahlantriebe entfielen. Das drehstabgefederte 8 x 8-Fahrwerk verfügt über Servolenkung und eine zentrale Reifendruck-Regelanlage. Auf befestigten Straßen erreicht die 36-t-Radpanzerhaubitze eine Höchstgeschwindigkeit von 90 km/h. Sie überwindet bis zu 0,55 m hohe senkrechte Hindernisse, bis zu 1,8 m breite Gräben und bis zu 1,2 m tiefe Gewässer. Der Fahrbereich beträgt 800 km. Über größere Strecken erfolgt der Transport per Bahn oder mit mittleren Transportflugzeugen.

155-mm-Radhaubitze SH-15 (PCL-181)

Norinco arbeitete seit den frühen 2010er-Jahren an einer neuen 155-mm-Radhaubitze mit Sechsrad-Fahrgestell. Erste Fotos erschienen 2017 und 2019 nahmen mehrere Haubitzen des Typs an der großen Militärparade in Peking teil. Gleichzeitig wurde bekannt, dass die Haubitze von der VBA unter der Bezeichnung PCL-181 übernommen wurde und ihre Exportbezeichnung SH-15 lautet. Bis 2023 erhielten VBA-Artillerieregimenter an die 630 PCL-181; danach ging der Typ auch an Artillerieabteilungen der Marineinfanteriebrigaden. Pakistan unterzeichnete im Dezember 2019 einen Vertrag über den Kauf von 236 SH-15, die Norinco ab 2022 in mehreren Losen lieferte. Äthiopien beschaffte 32 SH-15. Die Radhaubitze PCL-181/SH-15 baut auf dem 6 x 6-Fahrgestell eines Taian- oder Shaanxi-Lkw auf. Die fünfköpfige Bedienung plus Fahrer kommt im gepanzerten Führerhaus unter. Die 155-mm-Haubitze L/52 lädt über einen vertikalen Keilverschluss (Fallkeilverschluss) und besitzt eine Mehrkammer-Mündungsbremse. Der Höhenrichtbereich liegt bei 0° bis +67,5° und der Seitenrichtbereich bei 25° links und rechts der Fahrzeug-Längsachse. Eine

Technische Angaben 155-mm-Radhaubitze PCL-181	
Besatzung/Bedienung	6
Gefechtsgewicht, t	25
Bewaffnung (Kaliber), mm:	
Geschütz	155-mm-Haubitze L/52
Maschinengewehr	12,7-mm-MG
Kampfbeladung, Schuss:	
Geschütz	60
Maschinengewehr	500
Höchstschussweite, km	72
Feuergeschwindigkeit, S/min	4-6
Motorleistung, PS	440
Höchstgeschwindigkeit, km/h	90
Fahrbereich, km	600

155-mm-Radhaubitze PCL-181 beim Feuern im direkten Richten.

Batterie 155-mm-Radhaubitzen PCL-181 beim Feuern auf einem Übungsplatz.

rechnergestützte Feuerleitanlage übernimmt die Richtvorgänge, ein manuelles Richten ist natürlich nach wie vor möglich. Die Ziel- und Feuerleitanlage verfügt über ein Visier, eine digitale Anzeige im Führerhaus, eine im Fahrgestell links von der Kanone eingebaute Anzeige, ein Satellitenortungsgerät, einen Laserkreisel, ein ballistisches Radar und weitere Instrumente. Die PCL-181 erreicht eine Feuerrate von bis zu 6 S/min – im Direktbeschuss oder im indirekten Schießen. Sie verschießt sämtliche in China und in NATO-Ländern hergestellte 155-mm-Haubitzgeschosse. Zum Norinco-Angebot an 155-mm-Munition gehören u. a. auf Grundlage des russischen „Krasnopol"-Geschosses entwickelte

SH-15 – Bezeichnung für die Exportausführung der 155-mm-Radhaubitze PCL-181.

Laser- und Satelliten-gelenkte Projektile GP155 mit Schussweiten bis zu 35 km (die Schussweite konventioneller Sprenggranaten liegt zwischen 20 und 25 km). Eine der GP155-Varianten verfügt über eine per Fallschirm abwerfbare, selbststeuernde Ladung. Norinco stellt auch die konventionelle ERFB-Familie ungelenkter Sprenggranaten her. Das ERFB-BB erreicht aus der PCL-181 eine Höchstschussweite von 40 km und das ERFB-RAP mit Raketenzusatzantrieb sogar 53 km. Berichten zufolge entwickelte Norinco für die PCL-181 sogar ein spezielles, zwei Meter langes Raketenprojektil mit erhöhter Schussweite von 72 km. Die Kampfbeladung von 60 Schuss ist in geschlossenen Gestellen zwischen Führerhaus und Geschütz untergebracht. In Feuerstellung dienen zwei hydraulisch ausfahrbare Erdsporne am Heck der Stabilität beim Schießen. Für den Antrieb der 25 t schweren PCL-181 sorgt ein 400-PS-Dieselmotor, der ihr eine Straßenhöchstgeschwindigkeit von 90 km/h verleiht. Die hydropneumatische Rad-

Die 155-mm-Radhaubitze SH-15 auf Sechsrad-Fahrgestell stellte die VBA als PCL-181 in Dienst.

aufhängung und eine Reifendruck-Regelanlage verschaffen der allradgetriebenen Haubitze gute Geländegängigkeit. Sie überwindet senkrechte Hindernisse bis 0,6 m, bis zu 1,2 m breite Gräben und 1,2 m tiefe Wasserhindernisse. Vor allem aber kann die Radhaubitze um ein Vielfaches schneller Feuerstellung beziehen und diese wieder verlassen als gezogene 152- und 155-mm-Geschütze. Vom Instellunggehen bis zur Abgabe des ersten Schusses vergeht kaum eine Minute. In der zweiten Minute hat die PCL-181 sechs Schuss abgeben. In der dritten Minute baut sie ab und verlässt die Stellung. Der Typ hat wiederholt an militärischen Übungen und Manövern teilgenommen, wobei er gelenkte, vor allem aber ungelenkte Granaten auf stationäre wie bewegliche Ziele verschoss. Zur Zielaufklärung und -erfassung wurden Drohnen und tragbare Laserterminals eingesetzt. Natürlich eignet sich die PCL-181 auch zur Luftverbringung in mittleren militärischen Transportflugzeugen.

Selbstfahrendes 120-mm-Vielzweckgeschütz PLL-05

Anfang der 2000er-Jahre entwickelte Norinco ein selbstfahrendes 120-mm-Vielzweckgeschütz, das sich sowohl als Haubitze als auch als Hinterlade-Mörser (Granatwerfer) einsetzen lässt. Es verschießt sowohl Mörser- als auch Haubitzmunition russischer, chinesischer oder westlicher Machart. Norinco stellte das Geschütz erstmals 2001 ausländischen Interessenten vor. Die Nachfrage blieb jedoch aus und eine Zeit lang hörte man nichts mehr davon. Dann wurde der modernisierte Selbstfahrmörser 2008 unter der Bezeichnung PLL-05 in einer Stückzahl von 18 Exemplaren bei der 127. leichten motorisierten Schützendivision in Dienst gestellt. Regelmäßige Lieferungen an weitere Verbände folgten. Nach vorliegenden Meldungen stehen bei der VBA mittlerweile über

Technische Angaben 120-mm-Vielzweckgeschütz PLL-05	
Besatzung/Bedienung	4
Gefechtsgewicht, t	16,5
Abmessungen, mm:	
Wannenlänge	6700
Breite	2800
Höhe	2800
Bewaffnung (Kaliber), mm:	
Geschütz	120-mm-PLL-05
Maschinengewehr	12,7-mm-Typ 85
Kampfbeladung, Schuss:	
Geschütz	36
Maschinengewehr	480
Motorleistung, PS	320
Höchstgeschwindigkeit, km/h	85
Fahrbereich, km	800

PLL-05 feuert im direkten Richten.

PLL-05 im Gelände.

450 PLL-05 in Verwendung. Das Vielzweckgeschütz PLL-05 soll vor allem Infanterie auf dem Gefechtsfeld unterstützen und kann leichte Feldbefestigungen und feindliche Artilleriestellungen ebenso bekämpfen wie Fahrzeuge oder Truppen. Das PLL-05 ist der russischen/sowjetischen Selbstfahrlafette „Nona-SWK"* nachempfunden, verwendet jedoch ein Radfahrgestell. Und zwar das Chassis des schwimmfähigen Sechsrad-Schützenpanzers ZSL-92 (WZ-551/Typ 92) dessen umgewandelter Truppenraum einen Drehturm mit 120-mm-Universalgeschütz aufnimmt. Die vierköpfige Besatzung/Bedienung besteht aus dem Kommandant/Geschützführer; dem Richtkanonier, dem Ladekanonier und dem Fahrer. Fahrer und Geschützführer sitzen im Wannenbug, Richt- und Ladekanonier im rundum schwenkbaren Drehturm. Der Höhenrichtbereich des Geschützes beträgt –4° bis +80° und die Schussfolge bis zu 8 S/min bei Haubitz-Sprenggranaten, bis zu 10 S/min bei Mörser-Sprenggranaten und bis zu 6 S/min bei

PLL-05, Bugansicht. Das 120-mm-Vielzweckgeschütz nutzt das Chassis des schwimmfähigen Sechsrad-Schützenpanzers ZSL-92.

Selbstfahrendes 120-mm-Vielzweckgeschütz PLL-05.

Hohlladungsgranaten. Die Höchstschussweite der Haubitzmunition liegt bei 9,5 km, der Mörsermunition bei 8,5 km und der Hohlladungsgranaten bei 12 km. Die Kampfbeladung besteht aus 36 Schuss, die in Turm und Wanne gelagert sind. Links des Geschützes befindet sich das Zielfernrohr und auf dem Turmdach ein kombiniertes Panoramabildgerät mit Laserentfernungsmesser. Die Zusatzbewaffnung besteht aus einem 12,7-mm-Fliegerabwehr-Maschinengewehr Typ 85. Je drei Nebelwurfbecher an den Turmseiten dienen der Sichttarnung. Im Motor- und Getrieberabteil versieht ein luftgekühlter Achtzylinder-V-Diesel BF8L413F seinen Dienst. Der 320-PS-Motor wird in China unter Lizenz des deutschen Unternehmens Deutz hergestellt. Wanne und Turm des PLL-05 bestehen aus geschweißten Panzerblechen. Die Frontpanzerung schützt vor panzerbrechenden 12,7-mm- und die Seitenpanzerung vor 7,62-mm-Geschossen. Beim allradgetriebenen Sechsrad-Fahrgestell lassen sich die vorderen Achsen lenken. Eine zentrale Reifendruck-Regelanlage erhöht die Geländegängigkeit. Auf befestigten Straßen erreicht das PLL-05 Geschwindigkeiten bis zu 85 km/h. Es überwindet bis zu 0,6 m hohe senkrechte Hindernisse, bis zu 1,2 m breite Gräben und durchfurtet bis zu 1,2 m tiefe Gewässer. Tiefere Wasserhindernisse durchschwimmt das Vielzweckgeschütz dank zweier Schwenkpropeller am Heck mit bis zu 8 km/h.

PLL-05, 120-mm-Geschütz in Marschlage gezurrt.

---

* Vgl. Schunkow: Die Waffen der Russischen Armee. Infanterie & Artillerie. Seiten 186–187.

Selbstfahrendes 120-mm-Vielzweckgeschütz PLZ-05A

Anfang der 2010er-Jahre tauchten erste offizielle Informationen über das selbstfahrende Vielzweckgeschütz PLZ-05A auf Fahrgestell des Kettenschützenpanzers ZBD-08 (WZ-502G) auf. Insofern soll das PLZ-05A vor allem mit Kettenschützenpanzern ausgerüstete Schützenverbände (Panzergrenadiere) unterstützen. Um Kosten und Entwicklungsdauer zu verringern, übernahm das PLZ-05A Turm und Bewaffnung des PLL-05 (siehe oben). Motor und Getriebe befinden sich im vorderen Wannenteil, links davon sitzt der Fahrer. Die Kampfbeladung von 36 Schuss lagert im hinteren Wannenteil. Eine große

Technische Angaben 120-mm-Vielzweckgeschütz PLZ-05A	
Besatzung/Bedienung	4
Gefechtsgewicht, t	21,5
Abmessungen, mm:	
Wannenlänge	7520
Breite	3300
Höhe	2530
Bewaffnung (Kaliber), mm:	
Geschütz	120-mm-PLL-05
Maschinengewehr	12,7-mm-Typ 85
Kampfbeladung, Schuss:	
Geschütz	36
Maschinengewehr	480
Motorleistung, PS	590/500
Höchstgeschwindigkeit, km/h	70
Fahrbereich, km	400

Kettenschützenpanzer ZBD-08 auf einer Parade. Man beachte den kleineren Turm mit Doppelbewaffnung 100-mm- und 30-mm-Kanone.

Selbstfahrendes 120-mm-Vielzweckgeschütz PLZ-05A auf Fahrgestell des schwimmfähigen Kettenschützenpanzers ZBD-08.

Heckluke dient der Munitionsergänzung. Wanne und Turm bestehen aus geschweißten Panzerstahlblechen. Berichten zufolge soll die Frontpanzerung von Wanne und Turm 30-mm-Geschossen standhalten, die Seitenpanzerung panzerbrechenden 12,7-mm-Geschossen und die Heckpanzerung 7,62-mm-Projektilen. Die Panzerung lässt sich durch Anbringen zusätzlicher Panzerschilde verstärken. Das halbautomatische 120-mm-Geschütz des PLZ-05A kombiniert die Eigenschaften eines Mörsers und einer Haubitze. Es verschießt spezielle Haubitzgeschosse und beliebige 120-mm-Mörsergranaten. Die Höchstschussweite beträgt 8,8 km mit Haubitzgranaten, 12,8 km mit Raketenzusatzantrieb und 7,1 km mit Mörsergranaten. Außerdem kann das Geschütz hochpräzise Mörser-Lenkmunition verschießen. Gegen gepanzerte Feindfahrzeuge setzt das PLZ-05A Hohlladungsgeschosse im direkten Richten ein. Sie durchschlagen auf 1000 m 600–650 mm Panzerstahl. Die Feuergeschwindigkeit hängt von der Geschossart ab und liegt zwischen 4 und 10 S/min. Die Zielanlage umfasst ein Zielfernrohr zum direkten Richten sowie ein Panoramabildgerät mit Laserentfernungsmesser. Zur Selbstverteidigung und zum Schutz vor Luftangriffen dient ein 12,7-mm-Maschinengewehr auf dem Turmdach. Das Motor-/Getriebeabteil lässt sich mit einem 590-PS-Dieselmotor BF8M1015CP (Deutz-Lizenz) oder einem Nachbau des russischen 500-PS-Motors UTD-29 austatten. Das Kettenlaufwerk weist je Seite sechs Lauf- und drei Stützrollen auf. Auf guten Straßen erreicht das PLZ-05A Geschwindigkeiten bis zu 70 km/h. Es erklettert senkrechte Hindernisse bis 0,7 m Höhe und überschreitet Gräben bis 1,8 m Breite. Tiefere Wasserhindernisse überwindet das Vielzweckgeschütz schwimmend mit Kettenvortrieb und erreicht dabei bis zu 13 km/h.

Selbstfahrendes 120-mm-Vielzweckgeschütz Typ 07PA

2008 stellte China ein weiteres selbstfahrendes Vielzweckgeschütz mit der Bezeichnung Typ 07PA (auch CS/SM2) vor. Wie es hieß, sei es vor allem für den Export bestimmt, aber auch die VBA zeigte ein gewisses Interesse. Es baut auf dem Achtrad-Fahrgestell des bei der chinesischen Polizei eingeführten gepanzerten Mannschaftstransportwagens Typ 07P auf, den die Chinesen ebenfalls exportieren. Der rundum schwenkbare Drehturm mit 120-mm-Vielzweckgeschütz wurde der Einfachheit halber mit ein paar Änderungen vom PLZ-05A bzw. PLL-05 übernommen. Der Typ 07PA soll vor allem Infanterie unterstützen und dabei Feindtruppen, Stellungen und Feldbefestigungen bekämpfen. Das oben mehrfach vorgestellte Geschütz mit halbautomatischer Ladevorrichtung bedarf hier keiner weiteren Erörterung. Es verschießt spezielle Haubitzmunition sowie 120-mm-Mörsergranaten verschiedener Hersteller (darunter auch hochpräzise Lenkprojektile). Die Höchstschussweite beträgt 9,5 km mit Haubitz- und bis zu 8,5 km mit Mörsergranaten. Die Kampfbeladung umfasst 30 Schuss. Im vorderen Teil der geschweißten Wanne befindet sich links der Fahrer und recht der Motor mit Getriebe. Der Kampfraum mit Drehturm und 120-mm-Geschütz nimmt den mittleren und hinteren Teil der Wanne ein. Hier befinden sich die Arbeitsplätze von Geschützführer/Kommandant, Richtkanonier und Ladekanonier.

Technische Angaben 120-mm-Vielzweckgeschütz Typ-07PA	
Besatzung/Bedienung	4
Gefechtsgewicht, t	17
Abmessungen, mm:	
Wannenlänge	7000
Breite	2650
Höhe	3440
Bewaffnung (Kaliber), mm:	
Geschütz	120-mm-PLL-05
Maschinengewehr	12,7-mm-MG
Kampfbeladung, Schuss:	
Geschütz	30
Maschinengewehr	500
Motorleistung, PS	335
Höchstgeschwindigkeit, km/h	100
Fahrbereich, km	600

Typ 07PA, linke Seitenansicht. Der Turm wurde vom PLZ-05A bzw. PLL-05 übernommen.

Selbstfahrendes 120-mm-Vielzweckgeschütz Typ 07PA, Ansicht von rechts. Es baut auf dem Achtrad-Fahrgestell des MTW Typ 07P auf.

Ein 12,7-mm-Maschinengewehr auf dem Turmdach dient zur Selbstverteidigung und zum Schutz vor Luftangriffen. Auf beiden Turmseiten befinden sich Nebelwurfbecher. Die geschweißte Panzerwanne bietet Schutz vor Handwaffengeschossen und Granatsplittern. Eine automatische Feuerlöschanlage und eine ABC-Schutzanlage gehören zum Standard. Im Motor- und Getriebeabteil ist ein Cummins-Turbodiesel 6LTAA8.9-C340 mit 335 PS Leistung verbaut, der dem Typ 07PA eine Höchstgeschwindigkeit von 100 km/h auf guten Straßen verleiht. Der Fahrbereich beträgt 600 km. Eine zentrale Reifendruck-Regelanlage erhöht die Geländegängigkeit des Achtrad-Fahrgestells. Der Typ 07PA erklettert senkrechte Hindernisse bis 0,6 m Höhe und überschreitet Gräben bis zu 2,0 m Breite.

PANZERABWEHRGESCHÜTZE

45-mm-Panzerabwehrkanone Modell 1937

Technische Angaben 45-mm-Panzerabwehrkanone M1942	
Kaliber, mm	45
Anfangsgeschwindigkeit, m/sec	870
Höhenrichtbereich, Grad	–8/+25
Seitenrichtbereich, Grad	60
Gewicht in Feuerstellung, kg	625
Gewicht in Fahrstellung, kg	1250
Feuergeschwindigkeit, S/min	15–20
Höchstschussweite, m	4550
Direktschussweite, m	950
Panzerdurchschlag (mm) bei Auftreffwinkel 90°:	
500 m	61
1000 m	51
Geschossgewicht, kg	0,85–2,14

Während der japanischen Invasion Chinas am Vorabend des 2. Weltkriegs übergab die Sowjetunion im Rahmen eines Programms zur militärisch-technischen Zusammenarbeit der Regierung Tschiang Kai-scheks 1600 Geschütze, darunter etwa 200 45-mm-Panzerabwehrkanonen M1934 und M1937*. Ein relativ kleiner Teil dieser Geschütze ging an die von Kommunisten gebildeten Verbände der nationalchinesischen Armee. In den späten 1930er-Jahren stellte die 45-mm-Kanone eine recht moderne Panzerabwehrkanone mit guter Durchschlagsleistung und ausgewogenem Verhältnis zwischen Masse und Größe dar. Bei 560 kg Gefechtsgewicht konnte die fünfköpfige Besatzung das Geschütz zum Stellungswechsel über kurze Strecken eigenständig bewegen. Die 45-mm-M1937 ging ihrerseits auf die deutsche 3,7-cm-Pak von Rheinmetall zurück, deren technische Unterlagen die UdSSR Anfang der 1930er-Jahre käuflich erworben hatte. Und so handelte es sich beim sowjetischen Geschütz im Grund nur um eine veränderte Ausführung der deutschen 3,7-cm-Pak M35/36 im Kaliber 45 mm und Rohrlänge L/45. Die Durchschlagsleistung genügte – mit ganz wenigen Ausnahmen – für die meisten Panzerkampfwagen der Zeit. So durchschlug die

In den späten 1930er-Jahren lieferte die UdSSR etwa 200 45-mm-Panzerabwehrkanonen M1934 und M1937 an die Republik China. Im Bild eine Pak M1937 L/45, die während des Koreakrieges von US-Soldaten untersucht wird.

In den 1940er- und 1950er-Jahren Jahren baute die rotchinesische Panzerabwehr u. a. auf sowjetische 45-mm-Panzerabwehrkanonen M1942 (am längeren Rohr L/68,2 auf den ersten Blick unterscheidbar von der Pak M1937). Auch dieses Geschütz wurde in Korea von US- oder UN-Truppen erbeutet.

panzerbrechende Granate (Panzergranate) auf 500 m noch 43 mm Panzerstahl. Die Anfangsgeschwindigkeit des 1,43 kg schweren Geschosses betrug 760 m/sec. Die Munition umfasste auch Spreng- und Kartätschgranaten. Die 2,14 kg schwere Sprenggranate enthielt 118 g TNT und wirkte durch Splitter im Umkreis von 3–4 m tödlich. Als der chinesische Bürgerkrieg zwischen den Kommunisten und den Nationalisten der Kuomintang ausbrach, stellte sich die Sowjetunion natürlich auf die Seite der Kommunisten und begann sie mit Waffen und militärischer Ausrüstung zu beliefern. Um die relativ wenigen Panzer der Kuomintang-Truppen zu bekämpfen, erhielt die nunmehrige Volksbefreiungsarmee (VBA) in den 1940er-Jahren über 1000 sowjetische 45-mm-Panzerabwehrkanonen M1942 (M-42)*. Die Panzerabwehrkanone M1942 war das Ergebnis einer Modernisierung der 45-mm-Panzerabwehrkanone M1937. Deren Hauptziel, die Erhöhung der Durchschlagsleistung, wurde durch eine Verlängerung des Rohrs von L/45 auf L/68,2 und neue Patronenmunition mit stärkerer Treibladung (bei unveränderter Hülse und Geschoss) erreicht: die Mündungsgeschwindigkeit steigerte sich von 760 m/sec auf 870 m/sec. Auf 500 m durchschlug die Panzergranate bei Auftreffwinkel 90° nun 61 mm statt 43 mm Panzerstahl und auf 1000 m noch 51 mm. Das Rohr der Kanone wurde nicht nur länger, sondern insgesamt neu gestaltet. Anstelle eines Seelenrohrs mit Mantel trat jetzt ein Vollrohr (Monobloc-Rohr aus einem Stück) mit aufgeschraubtem Verschlussblock. Die gesamte Technik wurde verbessert und neue Teile ersetzten die alten. Dazu gehörten eine gegossene Oberlafette, eine einfache hydraulische Rohrbremse und ein neuer Vorholer. Diese Maßnahmen steigerten den Kampfwert der Pak und vereinfachten ihre Fertigung. Nicht zu vergessen die Verstärkung des Schutzschildes von 4,5 mm auf 7 mm Dicke, denn den alten Schild konnten Gewehrkugeln mit Hartkern durchschlagen. Die 45-mm-Pak M-42 setzten chinesische „Volksfreiwillige" und Nordkoreaner im Koreakrieg 1950–53 in großem Umfang ein. Das Gefechtsgewicht von 620 kg ermöglichte es der Bedienung immer noch, das Geschütz eigenständig ohne Kraft- oder Pferdezug sogar in hügeligem Gelände zu bewegen. In der Regel wurden die leichten 45-mm-Kanonen vor allem zur Infanterieunterstützung eingesetzt, aber in einigen Fällen durchaus erfolgreich gegen US-amerikanische Panzer. Obwohl die M-42-Pak Mitte der 1950er-Jahre hoffnungslos veraltet waren, stand sie bei der VBA noch bis Mitte der 1960er-Jahre in Dienst. Danach gingen einige Geschütze zu Ausbildungszwecken an Territorialverbände; die meisten wurden eingelagert oder verschrottet.

* Vgl. Schunkow: Die Waffen der Roten Armee. Infanterie & Artillerie 1939-1945. Seiten 170–175.

45-mm-Panzerabwehrkanone M1942

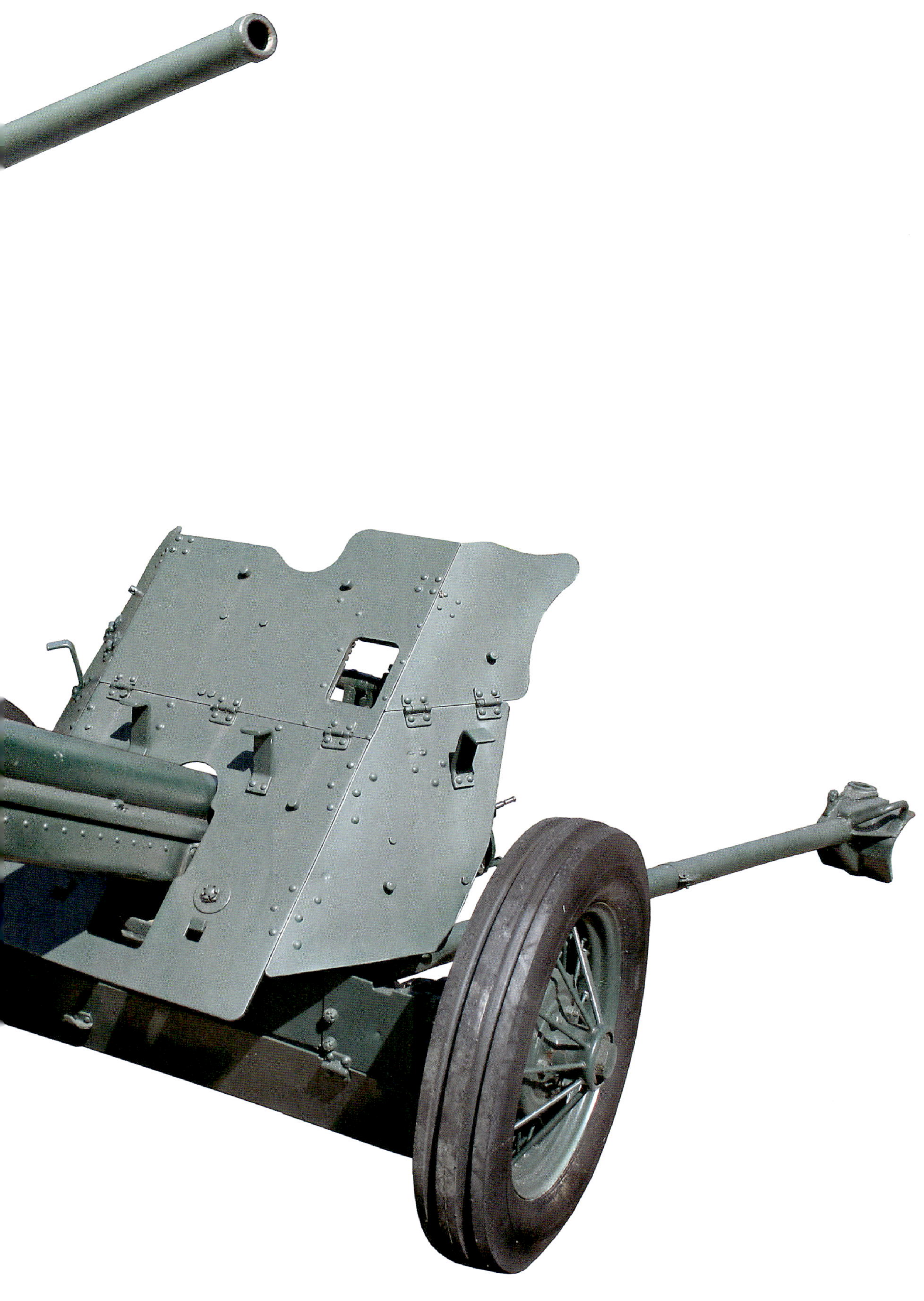

57-mm-Panzerabwehrkanone Typ 55 (SIS-2)

Technische Angaben 57-mm-Panzerabwehrkanone Typ 55	
Kaliber, mm	57
Anfangsgeschwindigkeit, m/sec	700–1250
Höhenrichtbereich, Grad	–5 /+25
Seitenrichtbereich, Grad	54
Gewicht in Feuerstellung, kg	1250
Gewicht in Fahrstellung, kg	1250
Feuergeschwindigkeit, S/min	bis zu 25
Höchstschussweite, m	8400
Direktschussweite, m	1120
Panzerdurchschlag (mm) bei Auftreffwinkel 90°:	
500 m	106
1000 m	96
Geschossgewicht, kg	1,79–3,75

Im Koreakrieg setzten die chinesischen „Volksfreiwilligen" zunächst sowjetische 45-mm-Panzerabwehrkanonen M-42 ein. Während die Wirkung dieser Geschütze gegen leichte US-Panzer M5 und M24 genügte, konnten sie die mittleren M4 und M47 nur mit Seiten- und Hecktreffern ausschalten. Aus diesem Grund lieferte die Sowjetunion China eine beträchtliche Anzahl leistungsfähigerer 57-mm-Panzerabwehrkanonen M1943 (SIS-2)* und stellte auch die technische Dokumentation und Ausrüstung für den Nachbau zur Verfügung. Die ersten chinesischen SiS-2 gingen 1955 unter der Bezeichnung Typ 55 an Panzerabwehrtruppenteile der VBA. Bis 1965 produzierte die chinesische Industrie über 1000 Geschütze dieses Typs, die teils noch bis Anfang der 1990er-Jahre bei aktiven VBA-Einheiten in Verwendung standen. Auch gegenwärtig finden sich immer noch 57-mm-Pak Typ 55 in Territorialverbänden, aber die meisten überführte man zur Langzeitlagerung in Depots. Die 57-mm-Panzerabwehrkanone Typ 55 besteht wie die sowjetische SIS-2 aus den Hauptbaugruppen Rohr mit halbautomatischem Keilverschluss (Fallblockverschluss) sowie der gefederten Zweiholm-Spreizlafette mit Wiege, Vorholer, Rohrbremse, Schutzschild und Visiereinrichtung. Praktischer Weise übernahmen die Sowjets bei der SIS-2 die Räder des Lkw GAS-AA, allerdings mit angepasster Nabe. Die Chinesen taten es ihnen mit ähnlichen Lkw-Rädern gleich. Die Lafettenfederung wurde bzw. wird beim Spreizen der Holme automatisch deaktiviert. Den nach unten öffnenden

Sowjetische 57-mm-Pak SIS-2 in Feuerstellung.

Sowjetische 57-mm-Pak SIS-2, gezogen von einem US-amerikanischen Studebaker-Lkw, irgendwo in Schlesien, Pommern oder Brandenburg 1945.

Keilverschluss brauchte der Ladekanonier nur zum Laden der Patronenmunition mit dem Verschlussgriff öffnen, das Schließen und der Auswurf der Hülse nach dem Schuss erfolgen automatisch. Diese Konstruktion ermöglichte die hohe Feuergeschwindigkeit der SIS-2/Typ 55 von bis zu 25 S/min. Der Höhenrichtbereich betrug –5° bis +25°, der Seitenrichtbereich 54°. Das 4,16 m lange Rohr L/73 beschleunigte panzerbrechende Geschosse auf bis zu 1030 m/sec, was modernen Treibkäfiggeschossen von Panzerkanonen entspricht. Entsprechend die Durchschlagsleistung der Hartkerngranate auf 500 m von 140 mm bei 90° Auftreffwinkel – damit konnte die SIS-2/Typ 55 auch schweren Panzerkampfwagen des 2. Weltkriegs, den Kampfpanzern der Nachkriegszeit sowie heute noch vielen Panzerfahrzeugen gefährlich werden. Als panzerbrechende Munition steht sowjetische oder chinesische Einheitsmunition zur Verfügung:

- Hartkernpatrone mit Leuchtspurgeschoss mit stumpfem Kopf und ballistischer Haube,
- Hartkernpatrone mit spitzem Kopf ohne ballistische Haube,
- Hartkernpatrone mit Vollgeschoss und Leuchtspur,
- Hartkernpatrone mit Unterkalibergeschoss und Leuchtspur.

Zur Bekämpfung von Personen- und anderen Zielen stand bzw. steht eine Sprenggranate mit Splitterwirkung auf einer Fläche von 20 m Breite und 3 m Tiefe zur Verfügung. Je nach Zündereinstellung wirkt die Granate auch als Sprenggeschoss. Nicht zu vergessen die Kartätschgranate zur Nahverteidigung auf 100–200 m Entfernung mit einer Ladung von 324 je 10,8 g schweren Kugeln, die im Streuwinkel 10–18° die Mündung verlassen und wie ein Schrotschuss wirken. Tödliche Wirkung, je nach Entfernung, auf bis zu 40 m Breite und 200 m Tiefe. Mit Zugfahrzeug lässt sich das Geschütz mit bis zu 50 km/h auf befestigten Straßen, bis zu 30 km/h auf ausgebauten Wegen und bis zu 10 km/h im Gelände ziehen.

* Vgl. Schunkow: Die Waffen der Roten Armee. Infanterie & Artillerie 1939-1945. Seiten 176–177.

57-mm-Panzerabwehrkanone Typ 55 (SIS-2).

Chinesische 57-mm-Pak Typ 55 – der Rohrerhöhung nach zu schließen im Einsatz als Feldgeschütze.

85-mm-Panzerabwehrkanone Typ 56 (D-44)

Mitte der 1950er-Jahre lieferte die Sowjetunion mehrere Dutzend 85-mm-Panzerabwehrkanonen D-44, die selbst für die sowjetische Armee noch relativ neu waren, an China. Die Geschütze wurden von chinesischen Experten hoch gelobt, so dass mit sowjetischer Unterstützung bald eine Lizenzproduktion der nun Typ 56 genannten Pak anlief. Das Vollrohr L/55,1 erhielt eine Mehrkammer-Mündungsbremse sowie über dem Rohr eine hydraulische Rohrbremse und einen hydraulischen Vorholer. Beim Schuss läuft das Rohr 580–660 mm zurück; maximal 675 mm. Der Typ 56 lädt seine Patronenmunition mittels eines halbautomatischen Fallblockverschlusses und einer Ladeschale. Die Feuergeschwindigkeit beträgt bis zu 25 S/min, mit Nachrichten 13–15 S/min. Mittels Richttrieben an der Oberlafette lässt sich die 85-mm-

Technische Angaben 85-mm-Panzerabwehrkanone Typ 56	
Kaliber, mm	85
Rohrlänge, Kaliber	55,1
Bedienung	7
Gewicht in Feuerstellung, t	1,725
Anfangsgeschwindigkeit, m/sec	793
Geschossgewicht, kg	9,54
Höchstschussweite, km	15,82
Feuergeschwindigkeit, S/min	20–25
Höhenrichtbereich, Grad	–7/+35
Seitenrichtbereich, Grad	54
Länge in Marschlage, m	8,34
Breite in Marschlage, m	1,68

85-mm-Panzerabwehrkanone Typ 56 schießt aus versteckter Stellung. Man beachte den Auswurf der Granathülse.

85-mm-Pak Typ 56, Rückansicht.

Pak händisch von –7° bis +35° in der Höhe und 54° in der Seite richten. Ein Schutzschild mit Konturen-brechender, „anthroposophisch"-gewellter Oberkante schützt die Bedienung – oder zumindest einen Teil davon – gegen Handwaffengeschosse und Granatsplitter. Die zweirädrige Spreizlafette mit Erdspornen verwendet Moosgummi-gefüllte Lkw-Reifen. Die torsionsgefederte Achse erlaubt das Ziehen auf guten Straßen mit bis zu 60 km/h. Als Zugfahrzeuge des rund 1,7 t schweren Geschützes dienen entweder Kettenschlepper oder dreiachsige Armeelastwagen. Die siebenköpfige Bedienung muss das Beziehen der Feuerstellung aus der Marschlage heraus in unter einer Minute bewältigen. Die 85-mm-Pak verschießt Einheitsmunition, und zwar Panzergranaten, flügelstabilisierte Hohlladungsgranaten, Unterkalibergranaten je mit Leuchtspur sowie verschiedene Sprenggranaten. Die Höchstschussweite der 9,54 kg schweren Sprenggranate mit verstärkter Splitterbildung 0365J (Mündungsgeschwindigkeit 793 m/sec) beträgt 15.820 Meter. Die Direktschussweite des panzerbrechenden Geschosses BR-367 auf ein 2 m hohes Ziel beträgt 1100 m. Auf 500 m durchschlägt es bei Auftreffwinkel 90° noch 135 mm Panzerstahl. 1953 führte die Sowjetarmee die noch leistungsfähigere 85-mm-Panzerabwehrkanone D-48 ein. Sie konnte die Frontpanzerung praktisch aller mittleren und schweren Kampfpanzer der Nachkriegszeit durchschlagen. Ihr Gewicht in Feuerstellung betrug 2350 kg. Speziell für dieses Geschütz wurde neue Munition entwickelt. Das neue panzerbrechende Geschoss durchschlug noch auf 1000 m bei Auftreffwinkel 60° bis zu 150 mm Panzerstahl; das Unterkalibergeschoss schaffte auf diesselbe Entfernung im 60°-Winkel sogar 180 mm. Die Höchstschussweite der 9,66 kg schweren Sprenggranate mit verstärkter Splitterbildung betrug 19 km und die Feuergeschwindigkeit bis zu 15 S/min. Kurz vor Abbruch der militärisch-technischen Zusammenarbeit übertrug die Sowjetunion der VR China die Lizenz zum Nachbau der D-48. Die Chinesen führten sie unter der Bezeichnung Typ 60 ein. Aufgrund Maos „Kulturrevolution", die ganz China ins Chaos stürzte, wurden allerdings nur wenige Geschütze hergestellt.

85-mm-Pak Typ 56.

100-mm-Panzerabwehrkanone Typ 73 und Typ 86

Die Panzerabwehr der VBA verfügt über rund 1300 100-mm-Panzerabwehrkanonen Typ 73 und Typ 86. Diese lassen sich nicht nur gegen gegnerische Panzerfahrzeuge einsetzen, sondern auch geren Feldbefestigungen, Infanterie und weitere artilleristische Ziele. Der zwischen 1981 und 1983 in Dienst gestellte Typ 73 ersetzte die 85-mm-Panzerabwehrkanone Typ 56 (siehe oben). Seine Konstruktion beruht weitgehend auf der Anfang der 1970er-Jahre eingeführten sowjetischen 100-mm-Glattrohr-Panzerabwehrkanone 2A29 (MT-12) „Rapira"*. Die Verwendung eines 100-mm-Glattrohrs ohne Züge ermöglichte stärkere Treibladungen und Gasdrücke, ergo auch höhere Mündungsgeschwindigkeiten und Durchschlagsleistungen, vor allem mit Unterkalibergeschossen. Außerdem konnten Hohlladungsgranaten nun ihre volle Wirkung entfalten, da der Hohlladungs-feindliche Drall zugunsten einer Flügelstabilisierung entfiel. Weitere Vorteile des Glattrohrs liegen in seiner geringeren Anfälligkeit gegen Erosion durch Pulvergase, der im Vergleich zu gezogenen Rohren etwa doppelt so hohen Rohrlebensdauer und der kostengünstigeren Herstellung. Für Sprenggranaten ergaben sich allerdings auch

Technische Angaben 100-mm-Panzerabwehrkanone Typ 73	
Kaliber, mm	100
Rohrlänge, Kaliber	54,5
Bedienung	9
Gewicht in Feuerstellung, t	3,630
Anfangsgeschwindigkeit, m/sec	1505
Höchstschussweite, km	13,7
Feuergeschwindigkeit, S/min	8
Höhenrichtbereich, Grad	–4/+38
Seitenrichtbereich, Grad	52
Länge in Marschlage, m	9,52
Breite in Marschlage, m	2,12

Nachteile aus dem glatten Rohr bzw. der Flügelstabilisierung im Flug bei einer vergleichsweise hohen Mündungsgeschwindigkeit, die – anders als bei Mörsern – eine Verringerung der Sprengladung um etwa 20 % bedingte. Das Geschützrohr L/54,5 besteht aus einem Vollrohr mit 100 mm Durchmesser im Mündungsbereich mit gelochter Mündungsbremse. Der halbautomatische vertikale Keil- oder Fallblockverschluss ermöglicht eine Feuergeschwindigkeit von bis zu 8 S/min. Die Spreizlafette Typ 73 ist baugleich mit der Lafette Typ 56 und verfügt wie diese über

100-mm-Pak Typ 73 auf einer Schießbahn.

Die 100-mm-Pak Typ 73 und ihre Munition.

ein zusätzliches Laufrad am linken Holm, womit die Bedienung das Geschütz einfacher bewegen kann. Das drehstabgefederte Zweirad-Fahrwerk erlaubt ein Schleppen mit bis zu 60 km/h. Als Zugfahrzeug dient ein Armeelastwagen. Der Höhenrichtbereich beträgt –4 bis +38° und der Seitenrichtbereich 52°. Ein Schutzschild soll die Bedienung vor Handwaffengeschossen und Granatsplittern bewahren. Die Pak Typ 73 verschießt patronierte Einheitsmunition mit verschiedenen flügelstabilisierten Unterkaliber-, Hohlladungs- und Sprenggeschossen. Auf 1000 Metern durchschlägt das Unterkalibergeschoss bis zu 215 mm Panzerstahl. In den späten 1980er-Jahren wurde der Typ 73 von der noch leistungsfähigeren 100-mm-Pak Typ 86 ersetzt. Im Erscheinungsbild entspricht sie dem Typ 73, aber durch die Verwendung neuer Werkstoffe und Fertigungsverfahren sowie die Entwicklung neuer Munition gelang eine nochmalige Leistungssteigerung. Nach Norinco-Angaben durchschlägt der Typ 86 die Frontpanzerung eines T-72 (Grundausführung) auf bis zu 2000 m, während jüngere panzerbrechende Granattypen selbst die mit reaktiver Panzerung versehenen Ausführungen des T-72 und T-80 durchschlagen können. Die Kanone ist auch westlichen 105-mm-Panzerkanonen überlegen. Die Munitionspalette umfasst folgende 100-mm-Granaten:

- APFSDS** Typ 86 mit Wolframkern und einer Mündungsgeschwindigkeit von 1610 m/sec bei einer effektiven Schussweite von 1800 m.
- APDS** Typ 73 mit Wolframkern und einer Mündungsgeschwindigkeit von 1500 m/sec bei einer effektiven Schussweite von 1700 m.
- APFSDS Typ 73 mit einem Geschoss im Längen-Durchmesser-Verhältnis von 13,3: 1 und einer Direktschussweite von 1730 m.
- Hohlladung Typ 73 mit einer Anfangsgeschwindigkeit von 1010 m/sec.
- Sprenggranate Typ 73 mit einer Mündungsgeschwindigkeit von 900 m/sec und einer Höchstschussweite von 13.700 m.

Obwohl der Typ 86 in erster Linie eine Panzerabwehrkanone mit maximaler Rohrerhöhung von +38° darstellt, lässt er sich auch als Feldgeschütz einsetzen. Während die Feuerfolge bei der Panzerabwehr im direkten Richten bei 4–5 S/min liegt, beträgt sie im indirekten Schießen 8–10 S/min.

---

* Vgl. Schunkow: Die Waffen der Russischen Armee. Infanterie & Artillerie. Seiten 169–170.

** APDS *(Armor Piercing Discarding Sabot)* = Panzerbrechendes Treibspiegelgeschoss

APFSDS *(Armour Piercing, Fin Stabilised, Discarding Sabot)* = Panzerbrechendes Treibspiegelgeschoss mit Pfeilstabilisierung

100-mm-Panzerabwehrkanone Typ 73.

FLUGABWEHRGESCHÜTZE

25-mm-Flugabwehrkanone Typ 87

Die Truppenluftabwehr der VBA verfügt über etwa 1000 25-mm-Flugabwehrkanonen Typ 87. Norinco begann 1976 mit der Entwicklung dieser leichten und gezogenen Flak und dokterte mehrere Jahre daran herum. Doch erst als die Rotchinesen über ein arabisches Land in den Besitz mehrerer sowjetischer 23-mm-Zwillingsflak SU-23-2 gelangten, tat die Entwicklung den entscheidenden Sprung nach vorn. Da Anfang der 1980er-Jahre das Hauptkaliber für Maschinenkanonen in der VBA 25 mm war (übernommen aus westlichen Systemen, von denen viele in jenen Jahren gekauft und nachgebaut wurden), fiel der Beschluss, die sowjetische Flugabwehrkanone in diesem Kaliber nachzubauen. 1984 ging die Flak in die Erprobung; die VBA stellte sie 1987 unter der Bezeichnung Typ 87 in Dienst. Wie beim sowjetischen Pendant handelt es sich um eine automatische Zwillingsflak auf einer leichten Zweiradlafette mit Visiereinrichtung für den Beschuss von Luft- und Bodenzielen – ein Gasdrucklader, der die für seine Funktion nötigen Pulvergase aus den

Technische Angaben 25-mm-Flugabwehrkanone Typ 87	
Kaliber, mm	25
Bedienung	6
Gewicht in Feuerstellung, t	0,95
Einsatzschussweite, km	2,5
Höchstschussweite, km	13,7
Theoret. Feuergeschwindigkeit, S/min	2 x 600–700
Höhenrichtbereich, Grad	–10/+ 90°
Seitenrichtbereich, Grad	360
Länge in Marschlage, mm	4570
Breite in Marschlage, mm	1830

25-mm-Flugabwehrkanone Typ 87.

25-mm-Zwillingsflak Typ 87 beim Beschuss von Erdzielen.

Rohren abzapft. Beide Rohre sind baugleich und unterscheiden sich nur durch die Zuführung aus den rechts und links angehängten Patronenkästen für 40-Schuss-Gurte. Die theoretische Feuergeschwindigkeit (Kadenz) je Rohr beträgt 600–700 S/min und die Einsatzschussweite 3,2 km. In Feuerstellung sitzt der Typ 87 bei abgeklappten Rädern auf einer rundum schwenkbaren Schießplattform; der Höhenrichtbereich beträgt –10/+90°. Die Richtgeschwindigkeit nach der Seite (Schwenken) liegt bei 60–70° in der Sekunde, nach der Höhe bei bis zu 50° je Sekunde. Handbücher geben die Zeit für den Übergang von der Fahr- in die Feuerstellung mit 30 Sekunden an. Falls erforderlich, kann das Geschütz auch aus der Fahrstellung feuern. Es verschießt Patronenmunition mit Spreng-/Splitter- und panzerbrechenden Geschossen und Leuchtspur. Die Zufuhr erfolgt, wie erwähnt, aus Kästen mit 40-Schuss-Gurten. Für den schnellen Wechsel sorgen zwei Mann der sechsköpfigen Bedienung. Da sich die Rohre beim Feuern stark erwärmen, kann sie die Bedienung gegen zur Ausstattung gehörende Ersatzrohre wechseln. Der Rohrwechsel dauert nur 15–20 Sekunden. Zum Transport wird der Typ 87 an ein Zugfahrzeug gehängt, meist ein zwei- oder dreiachsiger Lkw. Da das Fahrgestell der Flak über Torsionsfederung verfügt, lässt sie sich mit bis zu 70 km/h auf guten Straßen ziehen und im Gelände mit bis zu 20 km/h. Verschiedentlich wurde der Typ 87 auch auf Ketten-MTW Typ 63 gesetzt, ähnlich dem russischen Luftlande-MTW BTR-D, der auch als Träger der SU-23-2 dient.

Das Vorbild: Sowjetische 23-mm-Zwillingsflak SU-23-2.

25-mm-Zwillingsflak Typ 87, rechte Seitenansicht.

35-mm-Flugabwehrkanone Typ 90

Der Übernahme der 35-mm-Zwillingsflak Typ 90 durch die VBA ging 1987 der Erwerb mehrerer Qerlikon-Flugabwehrkanonen GDF-002 und „Skyguard"-Feuerleitradaren aus der Schweiz voraus. Experten untersuchten das erworbene Gerät gründlich und das Militär ließ von Norinco einen Nachbau des Geschützes fertigen. Auf der großen Militärparade in Peking 1999 präsentierte die VBA dann erstmals ihre auf der Qerlikon GDF-002 basierende 35-mm-Flugabwehrkanone Typ 90 (auch als Typ 99 bekannt). Die Zahl der bei der VBA in Verwendung stehenden Typ 90 beläuft sich schätzungsweise auf 1000 Stück (nach anderen Quellen: über 200). Der Flak-Zwilling Typ 90 ist zu Dauerfeuer befähigt und verfügt über eine hydraulische Rückstoßbremse, eine Unter- und Oberlafette mit elektrischer Richtanlage und vier Patronenkästen. Das gezogene Rohr L/60 weist eine Mündungsbremse mit eingebautem Sensor zur Messung der Mündungsgeschwindigkeit auf. Der Rückstoßlader erreicht eine theoretische Feuergeschwindigkeit von 550 S/min je Rohr. Flugziele richtet die Geschützbedienung elektrisch an bzw. verfolgt sie (siehe unten), Bodenziele händisch-mechanisch mittels Bodenzielfernrohr. Der Typ 90

Technische Angaben 35-mm-Flugabwehrkanone Typ 90	
Kaliber, mm	35
Rohrlänge, Kaliber	90
Bedienung	4
Gewicht in Feuerstellung, t	6,4
Anfangsgeschwindigkeit, m/sec	1175
Geschossgewicht, kg	0,55
Schussweite, km: - bei wirksame Verfolgung von Luftzielen - Höchstschussweite (horizontal)	 4 12
Feuergeschwindigkeit, S/min	2 x 550
Höhenrichtbereich, Grad	–5/+92
Seitenrichtbereich, Grad	360

35-mm-Flugabwehrkanone Typ 90 beim Flugabwehrschießen.

Selbstfahrende 35-mm-Zwillingsflak Typ 90 auf Lkw.

35-mm-Zwillingsflak Typ 90 und ihr Feuerleitradar.

verschießt Patronenmuntion 35 x 228 mm mit Sprengbrand- und panzerbrechenden Sprenggeschossen, je mit Leuchtspur. Kürzlich entwickelte Geschosse mit zerlegenden panzerbrechenden Unterkalibergeschossen erweitern die Palette. Die effektive Einsatzschussweite für tieffliegende Luftziele beträgt 4000 m und die Höchstschussweite 12.000 m. Die Munitionszufuhr erfolgt aus großen seitlichen Patronenkästen mit insgesamt 238 Schuss. Das „Skyguard"-Feuerleitradar weist Luftziele selbstständig zu. Letzteres besteht aus einem kombinierten Pulsdoppler-Such- und Feuerleitradar, einer Kamera zur Zielverfolgung, einem Bedienfeld, einem Bordrechner und einem Stromaggregat. Der Richtkanonier kann mittels elektrischer Stelltriebe und einem Fla-Visier Luftziele auch eigenständig anrichten und bekämpfen. In Feuerstellung stützt sich die Unterlafette des aufklappbaren Vierrad-Fahrwerks als Schießplattform auf dem Boden ab. Die Räder sind dabei zur Längsachse des Fahrgestells geneigt und über dem Boden aufgehängt. Alle Vorgänge, um das Zwillingsgeschütz von der Fahr- in die Schießstellung abzusenken und seine Unterlage exakt auszurichten, führen elektrohydraulische Aktuatoren aus. Die dafür erforderliche Zeit beträgt nicht mehr als 1,5–2 Minuten.

Zur Erhöhung der Beweglichkeit setzten die Chinesen etwa 60 35-mm-Zwillingsflak Typ 90 auf Fahrgestelle des dreiachsigen Militär-Lkw Shaanxi SX2190. Die selbstfahrende Flak firmiert unter der Bezeichnung CS/SA1.

Im Übrigen lässt sich der Typ 90 als Einzelgeschütz oder zu mehreren über die Feuerleitanlage AF902 automatisch abfeuern. Es handelt sich um eine verbesserte Version der Feuerleitanlage Typ 902, die auf einem separaten Anhänger montiert ist und über ein Radar mit bis zu 40 km Erfassungsreichweite sowie ein optronisches Modul verfügt.

35-mm-Zwillingsflak Typ 90 vor einem Gebäude.

Ausbildung an der 35-mm-Zwillingsflak Typ 90.

37-mm-Flugabwehrkanone Typ 55, Typ 65 und Typ 74

Anfang der 1950er-Jahre vergab die UdSSR an die VR China die Lizenz zum Nachbau der 37-mm-Flugabwehrkanone M1939 (61-K)*. Zusammen mit den Konstruktions- und Bauunterlagen erhielten die Chinesen auch die zur Fertigung erforderliche Ausrüstung. So konnten zwei chinesische Fabriken in verhältnismäßig kurzer Zeit die Fertigung aufnehmen und die VBA die 37-mm-Flugabwehrkanone unter der Bezeichnung Typ 55 in Dienst stellen. Der Typ 55 bewährte sich bei der Abwehr von US-Luftangriffen im Korea- und im Vietnamkrieg. Gegenwärtig sind etwa 3000 Geschütze Typ 55 durch modernere Modelle ersetzt und in die Langzeitlagerung überführt worden. Einige wenige dienen noch zu Ausbildungszwecken. Die 37-mm-Typ 55 geht, wie die sowjetische Flak, als Rückstoßlader mit kurzem Rohrrücklauf und Keilverschluss letztlich auf eine schwedische Bofors-Konstruktion zurück. Eine unterhalb des Rohrs angebrachte Rohrbremse gleicht weitere Rückstoßenergie aus. Die Speisung erfolgt über 5-Schuss-Laderahmen, die der Ladekanonier in den Ladetisch mit Führungsrahmen steckt. Höhen- und Seitenrichten des rundum schwenkbaren Geschützes erfolgen manuell bei einem Höhenrichtbereich von –5°/+85°, weshalb sich die Flak ohne Weiteres

Technische Angaben 37-mm-Flugabwehrkanone Typ 55	
Kaliber, mm	37
Anfangsgeschwindigkeit, m/sec:	
- Splittergeschoss mit Leuchtspur	880
- Panzerbrechend mit Leuchtspur	872
Höhenrichtbereich, Grad	–5/+85
Seitenrichtbereich, Grad	360
Gewicht in Feuerstellung, kg	2100
Gewicht in Fahrstellung, kg	2100
Feuergeschwindigkeit, S/min	
- praktisch	60
- theoretisch	180
Höchstschussweite nach Höhe, m	6500
Höchstschussweite nach Weite, m	8500
Geschossgewicht, kg:	
- Splitter mit Leuchtspur	0,732
- Panzerbrechend mit Leuchtspur	0,785

Die 37-mm-Zwillingsflak Typ 65 stellt einen leicht modifizierten Nachbau der sowjetischen B-47 dar und verwendet zwei Rohre der Flak Typ 55.

auch im Erdkampf einsetzen lässt. Ein Schutzschild schützt die Bedienung vor Handwaffengeschossen und Granatsplittern. Die theoretische Feuergeschwindigkeit liegt bei 180 S/min, die praktische bei etwa 60. Dem Transport dient eine gefederte Vierrad-Lafette 3U-7, deren Seitenholme in Feuerstellung ausgeschwenkt werden und bei angehobenen Rädern so eine Kreuzlafette bilden. Das Fliegervisier lässt sich gegen tieffliegende Flugziele mit bis zu 540 km/h Geschwindigkeit einsetzen. Die patronierte Munition verwendet Sprengsplitter- und panzerbrechende Geschosse mit Leuchtspur. Beim Beschuss gepanzerter Bodenziele durchschlägt die Panzergranate auf 500 m noch 40 mm Panzerstahl und auf 1000 m noch 31 mm. Dank der gefederten Lafette lässt sich der Typ 55 auf Straßen mit bis zu 60 km/h ziehen. 1965 begann die Fertigung der 37-mm-Zwillingsflak Typ 65, wiederum ein leicht modifizierte Nachbau der sowjetischen B-47 mit zwei Rohren der M1939/Typ 55. Dadurch ließ sich die Feuerdichte und Trefferwahrscheinlichkeit gegen Flugziele mit 320–360 S/min praktisch verdoppeln, nicht unwesentlich bei einer Flak. Das Gewicht der Flugabwehrkanone Typ 65 betrug 2650 kg in der Fahr- und 2550 kg in der Feuerstellung. Die Bedienung bestand aus sieben Mann. Aufgrund des Einbruchs der industriellen Produktion infolge Maos „Kulturrevolution" konnten die Chinesen nur etwas mehr als 200 Zwillingsflak Typ 65 herstellen. Auf Grundlage des Typ 65 wurde später der modernisierte Typ 74 geschaffen, der im Unterschied zum Ausgangsmodell weitgehend automatisiert wurde. Die Bedienung braucht das

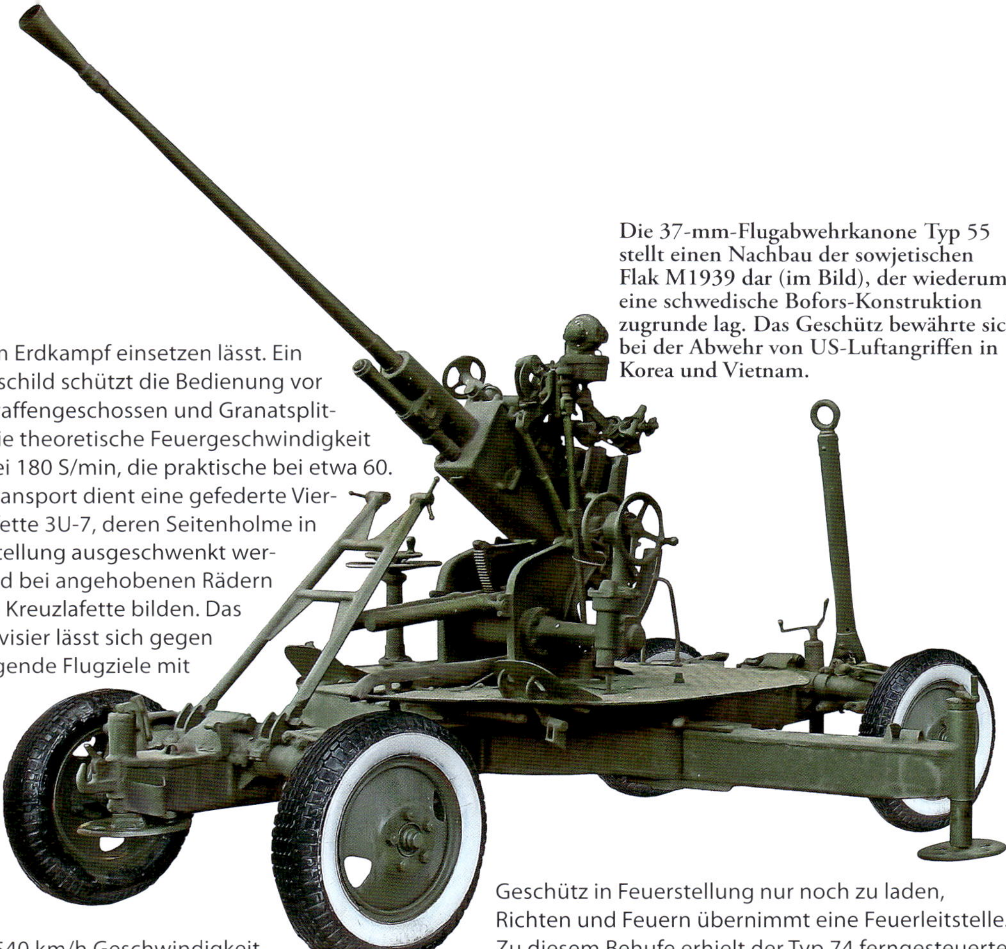

Die 37-mm-Flugabwehrkanone Typ 55 stellt einen Nachbau der sowjetischen Flak M1939 dar (im Bild), der wiederum eine schwedische Bofors-Konstruktion zugrunde lag. Das Geschütz bewährte sich bei der Abwehr von US-Luftangriffen in Korea und Vietnam.

Geschütz in Feuerstellung nur noch zu laden, Richten und Feuern übernimmt eine Feuerleitstelle. Zu diesem Behufe erhielt der Typ 74 ferngesteuerte elektrische und elektromechanische Richttriebe und zur Energieversorgung einen Dieselgenerator. Wahlweise lassen sich auch kompaktere Benzin-Stromerzeuger verwenden. Eine Flakbtterie Typ 74 besteht aus sechs Zwillingsgeschützen, die im Abstand von rund 50 m über Kabelleitungen mit der zentralen Feuerleitstelle verbunden sind. Chinesischen Quellen zufolge ist die Wahrscheinlichkeit, ein Flugziel zu treffen, bei Verwendung der automatischen Feuerleitung und der vom Radar gelieferten Zielparameter um etwa ein Drittel höher als bei der manuellen Eingabe von Daten ins Flugabwehrvisier. Die stark modernisierten 37-mm-Flugabwehrkanonen Typ 74 ersetzten ab der zweiten Hälfte der 1980er-Jahre die Typ 55 und Typ 65 bei aktiven Truppenteilen. Die Flugabwehrabteilung zu drei Batterien bildete eine eigenständige taktische Einheit. Jede Flugabwehrbrigade verfügte über drei Abteilungen. Gegenwärtig steht der Typ 74 noch bei Reserveverbänden in Verwendung.

---

* Vgl. Schunkow: Die Waffen der Roten Armee. Infanterie & Artillerie 1939-1945. Seiten 182–183.

57-mm-Flugabwehrkanone Typ 57 und Typ 59

Während des Koreakrieges (1950–53) war die nordkoreanische Flugabwehr u. a. mit sowjetischen 57-mm-Flugabwehrkanonen Typ S-60 bewaffnet, die sie 1950 von der Sowjetarmee übernommen hatte. Die hohe Wirksamkeit dieser Flak beeindruckte die chinesischen Militärs. In Folge erwarb Rotchina von der Sowjetunion die Lizenz zum Nachbau des Geschützes. Die Serienfertigung der S-60 in China begann 1965 und die VBA übernahm das Geschütz unter der Bezeichnung Typ 57. Mittlerweile gilt es als veraltet; eine große Zahl Typ 57 befindet sich in Langzeitlagerung, doch die VBA gab die Flak nicht vollständig auf. Darüber hinaus wurde im Februar 2019 eine neue 57-mm-Flugabwehrkanone Typ 59, eine modernisierte Ausführung des Typ 57, bei einem in Fujian stationierten Reserveverband der Flugabwehr vorgeführt. Sie verfügt über das von der Firma Xian Tianhe Defence Technology Co. Ltd. hergestellte Tiefflug-Zielerfassungsradar TN-R 311. Die sowjetische 57-mm-Flak S-60 und ihre chinesischen Nachbauten bestehen aus einem einteiligen Vollrohr mit Mündungsbremse sowie hydraulischen Rohrbremsen und Federausgleicher darunter, einem Masseverschluss, einem Reflexvisier und einem Teleskopfernrohr zur Bekämpfung von Luft- oder Erdzielen,

57-mm-Flugabwehrkanone Typ 59, Schrägansicht von rechts.

Eine Abteilung 57-mm-Flak Typ 59 bei einer sommerlichen Vorführung irgendwo in China.

einer vierrädrigen Kreuzlafette mit Schutzschild und einem ASP-57-Synchronantrieb. Letzterer ermöglicht ein Richten des Geschützes mit bis zu 18° pro Sekunde in der Höhe und und bis zu 30° pro Sekunde nach der Seite. Die manuelle Richtgeschwindigkeit beträgt bis zu 13° pro Sekunde pro Umdrehung des Handrads nach der Seite und bis zu 4,5° in der Höhe. Der Höhenrichtbereich der rundum schwenkbaren Flak liegt bei −2°/+87°. Der Synchronantrieb des ASP-57 sorgt nicht nur für eine schnelle Zielauffassung, sondern auch für eine gleichmäßige Zielverfolgung und eine höhere Genauigkeit beim synchronen Anrichten mit dem Flak-Feuerleitgerät (Kommandogerät). Die theoretische Feuergeschwindigkeit liegt

Technische Angaben 57-mm-Flugabwehrkanone Typ 57	
Kaliber, mm	57
Bedienung	8
Gewicht in Feuerstellung, t	4,8
Anfangsgeschwindigkeit, m/sec	1000
Geschossgewicht, kg	2,8
Einsatzschussweite, km	4–6 km
Höchstschussweite, km	12
Feuergeschwindigkeit, S/min	120
Höhenrichtbereich, Grad	−2/+87
Seitenrichtbereich, Grad	360
Länge in Marschlage, mm	8600
Breite in Marschlage, mm	2050

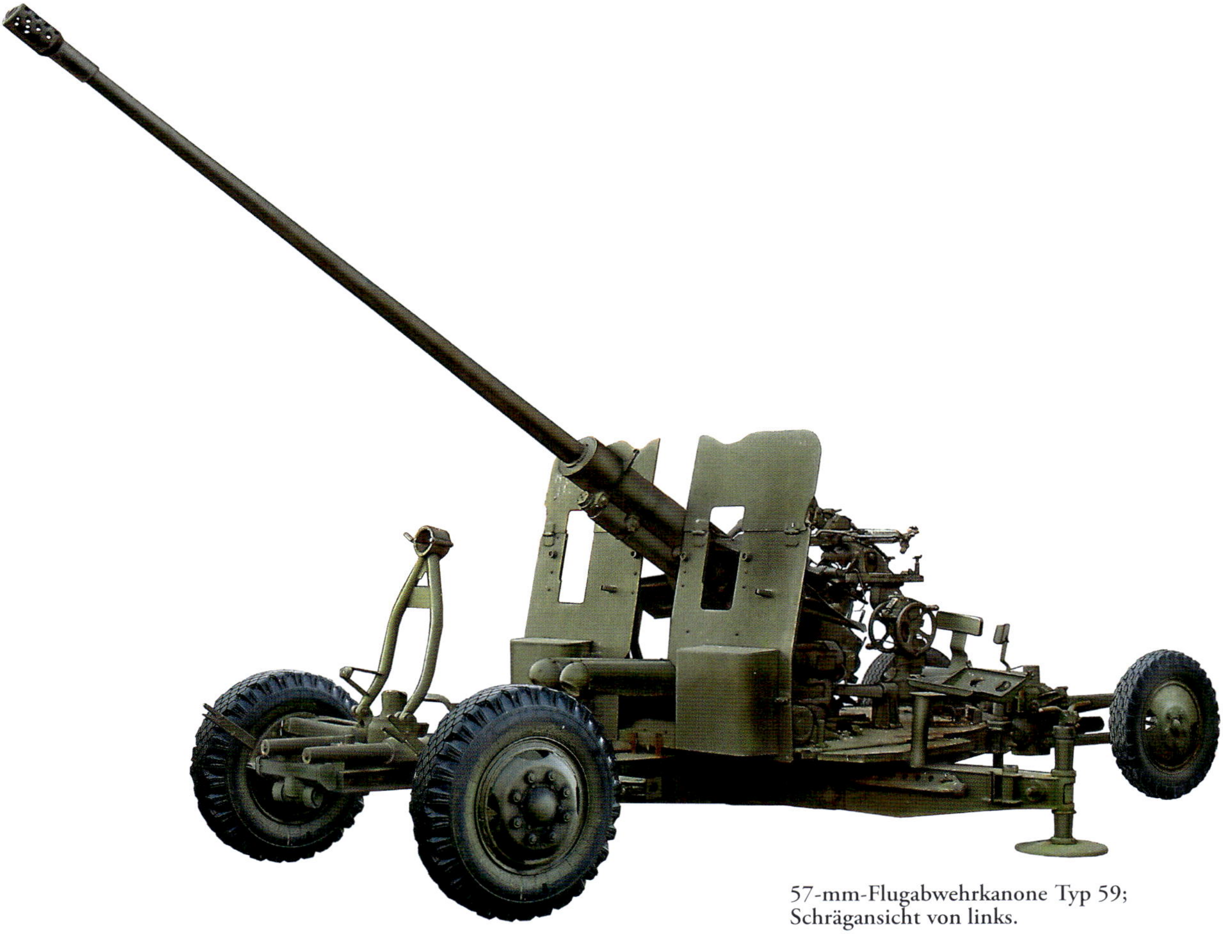

57-mm-Flugabwehrkanone Typ 59; Schrägansicht von links.

bei 120 S/min und die Anfangsgeschwindigkeit des Geschosses bei 1000 m/sec. Die Speisung erfolgt aus fünfschüssigen Kastenmagazinen. Die Flak S-60/Typ 57/Typ 59 verschießt Splittersprengranaten mit Leuchtspur und Kopfzünder MG-57 gegen Luftziele. Gegen gepanzerte Bodenziele auf 1000–1500 m kommen panzerbrechende Granaten mit Leuchtspur und Aufschlagzünder MD-10 zum Einsatz. In Bezug auf die Durchschlagsleistung ist die sowjetische S-60-Munition jener der Flak Typ 57 überlegen, deren panzerbrechende Granate auf 500 m bis zu 100 mm Panzerung bei Auftreffwinkel 90° durchschlägt. Die Einsatzentfernung gegen Luftziele beträgt bis 4800 m und mit Kommandogerät PUASO bis zu 6000 m. Die Vierradlafette verfügt über Achsschenkellenkung und ausgeschäumte beschusssichere Reifen. Beim Instellunggehen schwenkt bzw. fährt die achtköpfige Bedienung die seitlichen Holme mit Stütztellern der Kreuzlafette manuell und hydraulisch aus und kurbelt die Räder hoch, bis das Geschütz waagrecht steht. Dank der Hydraulik nimmt das Beziehen der Feuerstellung lediglich eine Minute und der Übergang in Marschlage zwei Minuten in Anspruch. Das Ziehen der rund 5 t schweren 57-mm-Flak Typ 57 übernimmt ein Sechsrad-Lkw oder ein Kettenschlepper. Dank Federung lässt sich das Geschütz mit bis zu 60 km/h auf Straßen und mit bis zu 25 km/h im Gelände bewegen.

Konzentriertes Feuer von 57-mm-Flugabwehrkanonen Typ 59 lässt in ihrem Wirkungsbereich einem Flugziel praktisch keine Überlebenschancen.

100-mm-Flugabwehrkanone Typ 59 und Typ 59-1

Die chinesischen „Volksfreiwilligen" machten im Koreakrieg bei der Abwehr US-amerikanischer Flugzeuge ausgiebig Gebrauch von sowjetischen 85-mm-Flugabwehrkanonen M1939 (52-K). In den 1950er-Jahren lieferte die Sowjetunion über 1500 Stück an die VR China, wo sie bis in die späten 1980er-Jahre in Verwendung standen. Das wichtigste Rohrgeschütz der chinesischen Flakartillerie zur Bekämpfung von Luftzielen in großer Höhe stellte jedoch die halbautomatische 100-mm-Flugabwehrkanone Typ 59 dar, ein Nachbau der sowjetischen 100-mm-Fak KS-19M2. Kurz vor Beendigung der militärisch-technischen Zusammenarbeit vergab die UdSSR die Baulizenz noch an die VR China, wo sie die VBA 1959 unter der Bezeichnung Typ 59 offiziell übernahm. Die erste Batterie 100-mm-Flak Typ 59 erhielt die Truppe jedoch erst 1963. Dies war darauf zurückzuführen, dass die chinesische Industrie lange Zeit nicht in der Lage war, einsatztaugliche Feuerleitgeräte (Kommandogeräte) zu fertigen. Die 100-mm-Flak KS-19 entwickelten die Sowjets kurz nach Ende des 2. Weltkriegs und führten sie im März 1948 unter der Bezeichnung 100-mm-Flugabwehrkanone M1947 (KS-19) ein. Das Geschütz wurde in der UdSSR von 1948 und 1955 in der beeindruckenden Stückzahl von 10.151 Exemplaren gebaut. Die ab 1955 hergestellte Ausführung KS-19M2 erhielt auch

Technische Angaben 100-mm-Flugabwehrkanone Typ 59	
Kaliber, mm	100
Bedienung	8
Gewicht in Feuerstellung, t	9,35
Anfangsgeschwindigkeit, m/sec	900
Geschossgewicht, kg	15,88
Einsatzschussweite, km	
- nach Weite	16,5
- nach Höhe	11
Höchstschussweite, km	21
Feuergeschwindigkeit, S/min	15
Höhenrichtbereich, Grad	–3/+85
Seitenrichtbereich, Grad	360
Länge in Marschlage, mm	9230
Breite in Marschlage, mm	2350

Die 100-mm-Flak Typ 59 verschießt patronierte Einheitsmunition mit unterschiedlichen Geschosstypen.

Als die schwere Rohrflak durch Luftabwehrraketen immer mehr an Bedeutung verlor, motteten die Chinesen ihre 100-mm-Geschütze Typ 59 entweder ein oder verwandten sie im Küstenschutz. Nach Auswertung der Golf-Kriege und jüngster asiatischer Konflikte sowie der Entwicklung neuer Munition erlebte die 100-mm-Flak jedoch eine Wiedergeburt.

die deutsche NVA. Wie die KS-19 arbeitete der Typ 57 mit einem halbautomatischen Keilverschluss (Fallblockverschluss) und elektrohydraulischen Stelltrieben beim Richten. Händisches Richten war ebenfalls möglich. Das übliche Hauptschießverfahren stellte das batterieweise Schießen von bis zu acht Geschützen mit Kommandogerät dar, das die Chinesen aus dem sowjetischen GSP-100 entwickelten bzw. übernahmen. Es empfing Daten von einer zentralen Radar-Feuerleitstelle, wiederum eine Kopie des sowjetischen SON-4-Geschützradars mit rotierender Parabolantenne auf zweiachsigem Anhänger. SON-4

Die 100-mm-Flugabwehrkanone Typ 59 kann Flugziele in Höhen bis zu 11.000 m bekämpfen.

konnte Flugziele in 4000 m Höhe auf bis zu 60 km erfassen und automatisch verfolgen. Und genau hier lag das Problem der Chinesen in den 1960er-Jahren, denn sie konnten ja keine einsatztauglichen Radar- und Kommandogeräte bauen. Die Flakbatterien mussten daher zuerst mit stereoskopischen Entfernungsmessern und anderem veraltetem Gerät vorlieb nehmen. Die 100-mm-Flak Typ 59 verschoss Patronenmunition mit Sprengsplittergeschossen und Zeit- oder Funkzündern gegen Flugziele. Auf Bodenziele kamen Sprengsplittergranaten mit Aufschlagszünder und Panzergranaten mit Leuchtspur und Bodenzünder zum Einsatz. Die 100-mm-Flak konnte Flugziele auf bis zu 16.500 m Entfernung bzw. in einer Flughöhe von höchstens 11.000 m bekämpfen. Die Mündungsgeschwindigkeit betrug 900 m/sec und die Feuergeschwindigkeit bis zu 15 S/min. Zum Schleppen des Geschützes auf seiner Vierradlafette dienten schwere Artillerieschlepper, die es mit bis zu 35 m/h auf asphaltierten Straßen und bis zu 20 km/h im Gelände zogen. Die Zeit für den Übergang von der Fahr- in die Feuerstellung (und umgekehrt) bewältigte die achtköpfige Bedienung in etwa 5 Minuten. In den Jahren der sich verschlechternden Beziehungen zwischen der UdSSR und der VR China befürchtete d e VBA-Führung im Konfliktfall einen Durchbruch sowjetischer Kampfflugzeuge zur Bombardierung wichtiger administrative, politischer und industrieller Zentren. Daher stationierten die Chinesen ihre 100-mm-Batterien in den vermuteten Einflugschneisen sowjetischer Bomber. Mitte der 1980er- Jahre, als die chinesische Luftverteidigung mit Flugabwehr-Lenkraketen HQ-2 (chinesische Version der S-75 „Dwina") quasi gesättigt war, verlor

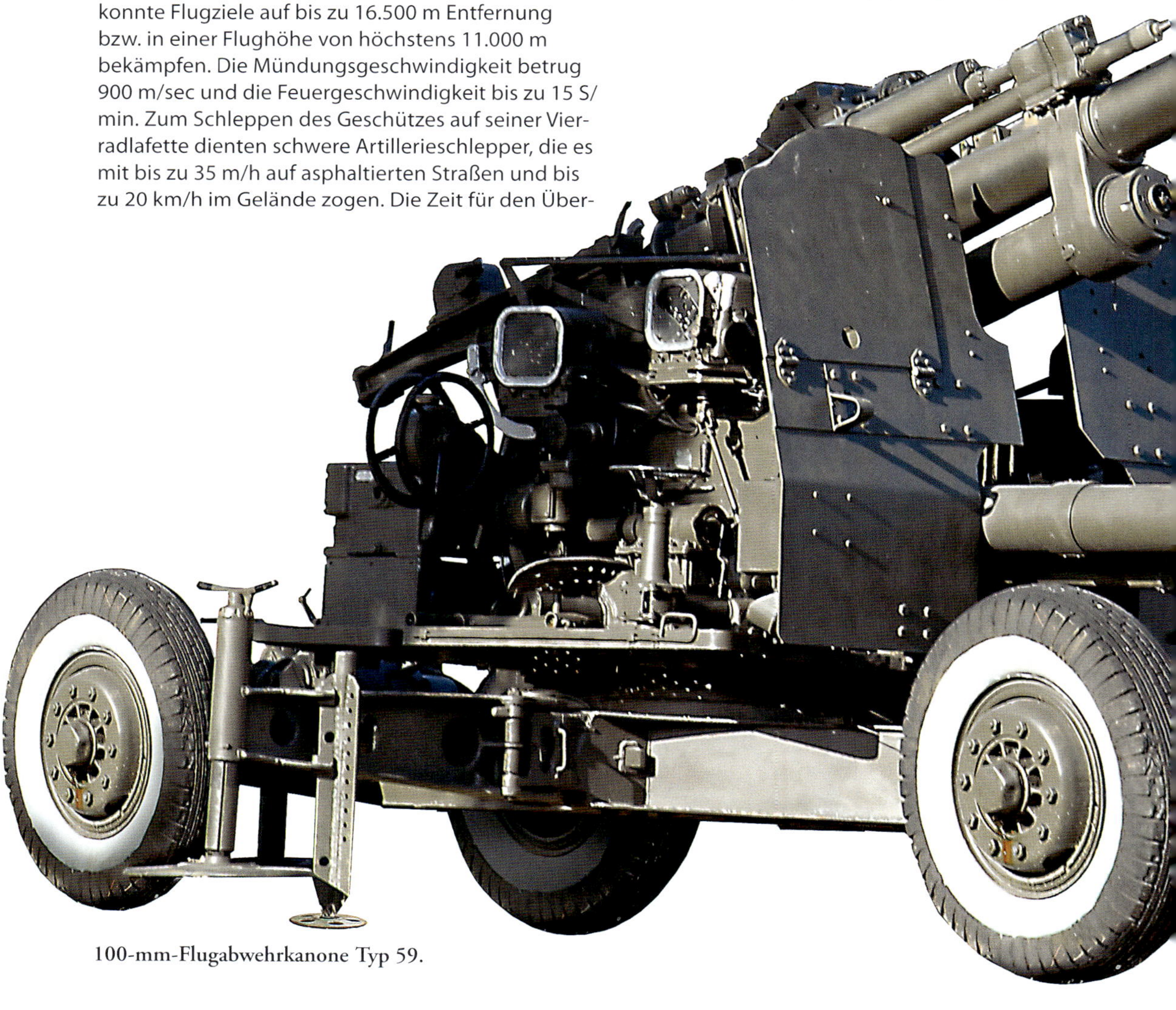

100-mm-Flugabwehrkanone Typ 59.

die großkalibrige Rohrflak an Bedeutung und die 100-mm-Geschütze Typ 59 rückten allmählich zur Küstenartillerie oder in Lager. Nach der Operation „Desert Storm" (Wüstensturm), dem ersten Irakkrieg der Amerikaner von 1991, änderten sich jedoch die Ansichten des chinesischen Militärs über die mögliche Rolle der Flugabwehrartillerie in einem Umfeld gegnerischer Luftüberlegenheit. Nachdem es den Amerikanern damals gelungen war, die Leitkanäle der irakischen S-75-Mittelstrecken-Luftabwehrraketen durch Störsender fast vollständig lahmzulegen, suchte das chinesische Militär nach Alternativen zur Verbesserung der Luftabwehr. Anstelle einer Außerdienststellung wurden die vorhandenen 100-mm-Fliegerabwehrkanonen sowie ihre Kommandogeräte überholt und modernisiert. Die modernisierten Geschütze erhielten die Bezeichnung Typ 59-1 und wurden ins Kurzstrecken-Flugabwehrraketensystem HQ-7B (basierend auf dem französischen „Crotale"-System) eingebunden. Für die Früherkennung von Luftzielen setzen die gemischten Flugabwehrraketen- und Artilleriebrigaden YLC-8B-Radare (auf der Grundlage des sowjetischen P-12) und YLC-6M-Radare in geringer Höhe ein. Zur Lenkung des Feuers der Flugabwehrkanonen ist die Batterie mit verbesserten Radaranlagen mit einer Erfassungsreichweite von bis zu 80 km und einer Verfolgungsreichweite von bis zu 30 km ausgestattet, die über einen zusätzlichen optoelektronischen Kanal und einen Laserentfernungsmesser verfügen. Stereoskopische Entfernungsmesser werden unterstützend eingesetzt. Im Jahr 2021, nach dem bewaffneten Konflikt in Berg-Karabach zwischen Armenien und Aserbeidschan, wurde bekannt, dass die Chinesen als Lehre daraus für ihre veralteten 100-mm-Geschütze Typ 59 neue Munition mit Annäherungszünder zur Drohnenbekämpfung entwickelten, außerdem neue Mittel zur Zielerkennung und Zielerfassung. Ein Geschütz ist ja immer nur das „Transportmittel" für seine Munition, das Geschoss bildet das eigentliche Wirkmittel. Und hier ist auch – oder gerade – bei der Rohrartillerie das Ende der Fahnenstange noch längst nicht erreicht.

Selbstfahrende 37-mm-Zwillingsflak PGZ-88 (Typ 88)

Seit Ende der 1960er-Jahre haben chinesische Konstruktionsbüros selbstfahrende Flugabwehrkanonen zur Begleitung von Panzer- und mot-Schützenverbänden entwickelt. Beispielsweise setzten sie einen 37-mm-Flakzwilling Typ 65 (siehe oben) auf das Fahrgestell eine Kampfpanzers T-34. Ein automatisiertes Visier ermöglichte die Bekämpfung von bis zu 540 km/h schnellen Tieffliegern. Da die Kampfflugzeuge potenzieller Gegner der VR China aber mit viel höheren Geschwindigkeiten flogen, wurde diese Panzerflak nur in kleinen Stückzahlen gebaut. Der ab 1986 erprobte selbstfahrende 37-mm-Flakzwilling auf Fahrgestell des Kampfpanzers Typ 79 (wiederum aufbauend auf dem sowjetischen T-54A) konnte da schon eher punkten. Beim Zwillingsgeschütz handelte es sich um eine modifizierte Ausführung des auf chinesischen Kriegsschiffen installierten Marineflakzwillings Typ 76 in einem Drehturm mit Höhenrichtbereich –10°/+87°. Die Einsatzschussweite gegen Luftziele betrug 3000 m, die Feuergeschwindigkeit 2 x 360 S/min und die Kampfbeladung umfasste 500 Schuss. Zur Erfassung der Luftziele diente ein Radar mit einer Reichweite von 8–10 km. Nach der Zielerfassung übernahm eine optoelektronische Visieranlage die Zielverfolgung. Bei Ausfall der Elektronik stand ein optisches Visier zur Verfügung. Mit der Anpassung von Elektronik und Radar ans Geschütz hatten die Chinesen so ihre Probleme. Obwohl die VBA die Panzerflak PGZ-88 im Jahr 1989 offiziell in Dienst stellte, wurden nur 24

Technische Angaben 37-mm-Flugabwehrkanone PGZ-88	
Kaliber, mm	37
Bedienung	4
Gewicht in Feuerstellung, t	35
Anfangsgeschwindigkeit, m/sec	866
Geschossgewicht, kg	15,88
Einsatzschussweite, km - nach Weite - nach Höhe	 7,2 4,0
Feuergeschwindigkeit, S/min	2 x 180
Höhenrichtbereich, Grad	–10/+87
Seitenrichtbereich, Grad	360
Höchstgeschwindigkeit, km/h	50

37-mm-Flakpanzer PGZ-88, rechte Seitenansicht. Dem Treppchen nach zu urteilen, werden hochrangige Besucher zur Besichtigung erwartet.

Einige 37-mm-Flakpanzer PGZ-88 setzt die VBA noch zu Ausbildungszwecken ein.

Fahrzeuge gebaut, von denen 18 (Divisionssatz) an die 6. Panzerdivision gingen. Das chinesische Militär war nicht zufrieden mit der geringen Zuverlässigkeit der Elektronik, der geringen Fähigkeit, Ziele im Dunkeln aufzufassen und zu bekämpfen, und der für die Verhältnisse der späten 1980er-Jahre geringen Trefferwahrscheinlichkeit.

37-mm-Flakpanzer PGZ-88, linke Seitenansicht.

37-mm-Zwillingsflak PGZ-88 (Typ 88) auf Fahrgestell Kampfpanzer Typ 79. Das Modell bewährte sich nicht und wurde nur in geringer Stückzahl gebaut.

Selbstfahrende 25-mm-Vierlingsflak PGZ-95 (Typ 95)

Die VBA verfügt über mehr als 270 selbstfahrende 25-mm-Flakvierlinge PGZ-95 (auch bekannt als Typ 95 oder Typ 04A). Die Vierlingsflak dient der Luftabwehr auf Regiments- und Brigadeebene zur Bekämpfung niedrig fliegender Flugziele unter allen Wetterbedingungen und unter komplexen Störungen. Die Entwicklung der PGZ-95 nahm Norinco Mitte der 1980er-Jahre nach Ankauf des italienischen 25-mm-Fla-Panzers SIDAM-25 (mit Vierlings-Geschütz von Qerlikon Contraves) auf. Das SIDAM-25-Konzept übertrug Norinco auf den chinesischen Flakvierling PGZ-95, der erstmals 1999 bei einer Militärparade in Peking öffentlich in Erscheinung trat. Wie das italienische Vorbild baut auch der PGZ-95 auf einem Kettenfahrgestell auf, das es ihm ermöglicht, Panzerkolonnen und motorisierte Infanterie auf dem Marsch und im Gefecht zu begleiten und gegen Tiefflieger, Kampfhubschrauber und nun auch Drohnen zu schützen. Der Motor-Getriebe-Raum sitzt rechts vorn in der Wanne, links davon der Fahrer und hinter ihm der Fahrzeugkommandant/Geschützführer. Der Kampfraum mit Drehturm, Bewaffnung und Richtkanonier nimmt den mittleren und hinteren Teil des Fahrzeugs ein. Die Bewaffnung besteht aus je zwei hydraulisch gerichteten 25-mm-Maschinenkanonen Typ 87 (siehe dort) zu beiden Seiten des Drehturms. Die Feuergeschwindigkeit beträgt 600–800 S/min je Rohr, die Munitionszufuhr erfolgt über Gurtkästen (nach anderen Angaben Magazine), die leergeschossen aus dem Turm geworfen werden. Die Kampfbeladung umfasst 2000 Schuss. Bei der Bekämpfung

Technische Angaben 25-mm-Flugabwehrkanone PGZ-95	
Kaliber, mm	25
Bedienung	3
Gewicht in Feuerstellung, t	22,5
Geschossgewicht, kg	15,88
Einsatzschussweite, km	
- nach Weite	2,5
- nach Höhe	2,0
Feuergeschwindigkeit, S/min	4 x 600
Höhenrichtbereich, Grad	+87
Höchstgeschwindigkeit, km/h	53
Fahrbereich, km	450

25-mm-Flakpanzer PGZ-95, den weißen Laufrollen nach zu urteilen in Vorbereitung zur Parade.

Flakpanzer PGZ-95, Heckansicht. Über den Geschützen lässt sich der PGZ-95 zusätzlich mit je zwei Fla-Raketen bestücken.

von Luftzielen beträgt die Einsatzschussweite bis zu 2000 m und bis zu 2500 m nach oben. Mit Hilfe des Dauerstrichradars CLC-1 auf dem Turmdach (in Marschlage nach vorn geklappt) erkennt der PGZ-95 Flugziele bis in 11 km Entfernung. Der Zielerfassung und -verfolgung dient eine optronische Anlage mit TV-Kamera, IR-Kamera und Laserentfernungsmesser. Die Entfernungen zum Ziel speist sie in den digitalen Bordrechner der Feuerleitanlage ein. Auch die Auswahl der Munitionsmenge und des gewählten Geschosstyps werden dorthin gesendet. Die TV-optische Anlage hat eine Erfassungsreichweite von bis zu 6000 m mit TV- und 5000 m mit Infrarotkamera. Darüber hinaus lässt sich der PGZ-95 zusätzlich mit vier Luftabwehrraketen „Qiang Wei-2" bestücken, jeweils zwei übereinander über den Kanonen mit gleichem Schusswinkel. Einige Quellen bezeichnen den PGZ-95 sogar als Raketen-Kanonen-Flapanzer. Der PGZ-95 bekämpft Flugziele auf größere Entfernungen mit den Raketen und auf kürzere mit den Kanonen, aber im Unterschied zum russischen Flugabwehrpanzer 2S6M „Tunguska"* stellen die Raketen nur Zweitwaffen dar und sind nicht in den Feuerleit-Kreislauf eingebunden. Für die Erkennung von Luftzielen und die Feuerleitung auf Batterieebene sorgt ein eigener, auf dem gleichen Fahrgestell wie der PGZ-95 aufgebauter Gefechtsstand (CP) mit Rundum-Suchradar CLC-2PD (entwickelt von der chinesischen Firma CEIEC) mit einer maximalen Reichweite von 45 km und 4,5 km in der Höhe. Eine Datenübertragungsanlage, die Informationen mit den PGZ-95-Einheiten austauscht, weist den feuernden Einheiten die Ziele zu. Die Übertragungsreichweite beträgt 5 km per Digitalkanal, bis zu 15 km per Funk und bis zu 500 m per Draht. Zur Selbstverteidigung erhielt das Kommandofahrzeug ein 12,7-mm-Maschinengewehr auf dem Turm und zwei Nebelwurfbecher. Flugabwehrsysteme PGZ-95 sind als Flugabwehrbatterien Bestandteil mehrerer Panzerbrigaden bzw. -regimenter der VBA. Eine Batterie umfasst sechs bis acht PGZ-95, ein Kommandofahrzeug mit Radar, drei Transport-Ladefahrzeuge, ein Wartungsfahrzeug und einen mobilen Stromerzeuger/Generator (die drei Letzteren Typen basieren auf Sechsrad-Lkw).

* Vgl. Schunkow: Die Waffen der Russischen Armee. Panzerfahrzeuge und Flugabwehr. Seiten 157–160.

Flakpanzer PGZ-95 (Typ 95) mit geöffneter Motorklappe.

Eine Abteilung 25-mm-Flakpanzer PGZ-95 beim Aufmarsch in Paradeformation.

Volles Rohr: Die Kampfbeladung des PGZ-95 umfasst 2000 Patronen 25 mm, mit denen er Flugziele in bis zu 2000 m Entfernung und in bis zu 2500 m Höhe bekämpfen kann. ←

Flakpanzer PGZ-95 (Typ 95) mit 25-mm-Vierlingsflak
und darüber angeordneten Fla-Raketen.

Selbstfahrende 35-mm-Zwillingsflak PGZ-09 (Typ 09)

Die Flugabwehrabteilungen der schweren Panzerbrigaden und -regimenter der VBA verfügen über 35-mm-Flakpanzer PGZ-09 (Typ 09). Der seit Mitte der 2000er-Jahre entwickelte Waffenträger ging 2007 in die Erprobung. Nach Behebung festgestellter Mängel übernahm ihn die VBA 2009. Öffentlich in Erscheinung trat er erstmals 2015 bei einer Militärparade in Peking. Der PGZ-09 verwendet das Fahrgestell der 155-mm-Panzerhaubitze PLZ-52/PLZ-05 (siehe dort). Der vordere Teil der Wanne beherbergt Motor- und Getriebe nebst Fahrer, während sich der Kampfraum mit Drehturm im mittleren und hinteren Teil der Wanne befindet. Anstelle eines 155-mm-Haubitzturms erhielt der PGZ-09 allerdings einen Flakturm mit je einer 35-mm-Maschinenkanone PG99-35-2 an beiden Seiten, ein lizensierter chinesischer Nachbau der Schweizer Oerlikon-Flak GDF-002, wie sie auch die gezogene 35-mm-Flugabwehrkanone Typ 90 verwendet (siehe dort). Der PGZ-09 verfügt über moderne funkelektronische Ausrüstung, darunter ein Zielerfassungs- und -verfolgungsradar, eine passive optoelektronische Station mit Laserentfernungsmesser und Wärmebildgerät, Sensoren zur Messung der Mündungsgeschwindigkeit der Geschosse und einen Zünderprogrammierer.

Technische Angaben 35-mm-Flugabwehrkanone PGZ-09 (PG99-32-2)	
Kaliber, mm	35
Bedienung	3
Gewicht in Feuerstellung, t	30
Einsatzschussweite, km	
- nach Weite	4,0
- nach Höhe	3,0
Feuergeschwindigkeit, S/min	2 x 550
Höchstgeschwindigkeit, km/h	65
Fahrbereich, km	450

35-mm-Flakpanzer PGZ-09 bei der Bekämpfung eines Luftziels.

35-mm-Flakpanzer PGZ-09 auf einer Parade.

Es soll auch PGZ-09-Versionen mit Vorrichtungen zur Abwehr zielsuchender Feindraketen geben, die auf das Radar des PGZ-09 ansprechen. Wanne und Turm bestehen aus geschweißten Stahlplatten, welche die dreiköpfige Bedienung (einschließlich Fahrer) vor panzerbrechenden 12,7-mm-Geschossen und Granatsplittern schützen. Das Kettenlaufwerk weist sechs Lauf- und drei Stützrollen je Seite auf. Ein 800-PS-Dieselmotor verleiht dem 30-t-Fahrzeug auf guten Straßen eine Spitzengeschwindigkeit von 65 km/h. Der Fahrbereich beträgt 450 km. Interessanter Weise betreibt die VBA neben dem PGZ-09 auf Kettenlaufwerk auch eine Ausführung auf schnellerem Radfahrgestell. Sie soll Transportkonvois begleiten und mit Radfahrzeugen ausgerüstete mot-Schützenverbände vor Luftangriffen schützen.

Eine Variante des PGZ-09 baut auf einem Radfahrgestell auf.

35-mm-Flakpanzer PGZ-09 auf Fahrgestell der Panzerhaubitze PLZ-52. beim Feuern. Man beachte die ausgeworfenen Patronenhülsen und Gurtglieder.

6

Selbstfahrendes 25-mm-Flugabwehr-Kanonen- und Raketensystem FK-1000

Zum Schutz rückwärtiger Einrichtungen (Hauptgefechtsstände, Lager, Radaranlagen usw.) sowie von Industrie- und Verwaltungszentren vor Luftangriffen im Nahbereich hat China das Kanonen-Raketen-System FK-1000 entwickelt. Der Komplex soll mit seiner Gemischtbewaffnung aus Maschinenkanonen und Flugabwehrraketen feindliche Luftfahrzeuge und Raketen mittlerer und großer Reichweite zerstören, die den Schirm der Luftverteidigung durchbrochen haben. Das System wurde erstmals 2014 auf der „AirShow China" vorgeführt. Das FK-1000 entspricht im Einsatzzweck dem russischen Flugabwehrkanonen- und -raketensystem 96K6 „Panzir-S1"* und baut wie dieses auf dem Vierachs-Radfahrgestell eines schweren geländegängigen Lkw auf. Darauf an einem rundum schwenkbaren Drehturm seitlich je zwei Sechsfach-Startbehälter für Flugabwehrraketen und zwei 25-mm-Maschinenkanonen Typ 87 (siehe dort), auf dem Turmdach ein Rundumsichtradar mit Klappmast sowie im Innern eine optoelektronische Zielerfassungs- und Verfolgungsanlage. Die zweistufigen und zweistrahligen Raketen ähneln der chinesischen Fla-Rakete „Tianlong-12" (TL-12; Himmelsdrache/Sky Dragon) oder den russischen Fla-Raketen 9M311-1M (deren Nachbau die TL-12 ist) und 57E6 der Systeme „Tunguska" und „Panzir-S1". Raketen und Kanonen werden unabhängig voneinander gerichtet. Die TL-12 haben eine Einsatzreichweite von etwa 500 m bis 12.000 m und von 5 m bis 5000 m in der Höhe. Die wirksame Schussweite der Kanonen beträgt bis zu 2500 m und bis zu 1500 m in der Höhe. Das System FK-1000 ist in der Lage, gleichzeitig

Technische Angaben 25-mm-Fla-Kanonen- und Raketensystem FK-1000	
Bedienung	3
Bewaffnung:	
Kanone	2 x 25 mm
Rakete	12 x FlaRak
Einsatzschussweite, m	
- nach Weite	2500
- nach Höhe	1500
Einsatzschussweite Raketen, m:	
- nach Weite	12.000
- nach Höhe	5000

Das selbstfahrende 25-mm-Flugabwehr-Kanonen- und Raketensystem FK-1000.

Zwei LD-2000 bei der Bekämpfung eines Flugziels mit ihren siebenrohrigen 30-mm-Kanonen.

vier Flugabwehrraketen auf vier verschiedene Ziele abzuschießen. Aufgrund der zusätzlichen Kanonenbewaffnung ist das Kampffahrzeug sehr sperrig und schwer. Zur FK-1000-Batterie gehören ferner die FW2-Kommandozentrale und das IBIS-80-Zielerfassungsradar. Ein weiteres chinesisches Pendant zum russischen Raketen- und Kanonensystem „Panzir-S1" stellt das Flugabwehrsystem LD-2000 dar (siehe auch unten unter HQ-64). Es verwendet das Radfahrgestell Wanchan WS-2400, ein Nachbau des weißrussischen MAS-543. Das LD-2000 verfügt über ein eigenes Zielverfolgungsradar Typ 347G. Die Datenübertragung von anderen Fahrzeugen ist ebenfalls möglich, so dass sich das LD-2000 in ein übergeordnetes Luftabwehrsystem einbinden lässt. Am hinteren Ende der Plattform befindet sich ein Drehturm mit einer siebenrohrigen 30-Millimeter-Kanone Typ 730. Bei dieser Einheit handelt es sich Berichten zufolge um eine chinesische Version des niederländischen „Goalkeeper"-Komplexes, und die Kanone ist möglicherweise ein Nachbau der amerikanischen GAU-8 „Avenger". Diese bringt es auf eine Kadenz von mindestens 4000–4500 S/min Minute. Bei begrenztem Seitenrichtbereich beträgt der Höhenrichtbereich –10°/+80°. Zwei Munitionsbehälter an den Seiten des Geschützes fassen jet 500 Patronen. Einigen Quellen zufolge enthält ein Behälter panzerbrechende Unterkalibergeschosse und der andere Sprengsplittergranaten, so dass je nach Ziel und Lage die geeignete Munition gewählt werden kann. Auf der Oberseite der Waffenplattform befindet sich die Radarantenne zur Zielverfolgung. Sie dreht sich mit der Abschussvorrichtung und dient ausschließlich der Erfassung von Zielbewegungen. Die Raketen können Ziele auf große Entfernung nicht selbst finden und müssen daher auf eine externe Zielbestimmung oder eine optoelektronische Station mit Wärmebildkamera und Laserentfernungsmesser neben der Radarantenne zurückgreifen. Prototypen des LD-2000 waren mit je drei Abschussbehältern für Flugabwehrlenkraketen an den Seiten der Waffenplattform ausgestattet. Später gab man sie aus technischen Gründen auf, so dass das LD-2000 zu einem rein kanonengestützten Flugabwehrsystem wurde.

Durch den Einsatz von Raketen ließe sich die Reichweite auf 5000–6000 m erhöhen, doch aufgrund des Verzichts auf Lenkwaffen liegt dieser Parameter derzeit nicht über 2500–3500 m. Das selbstfahrende Flugabwehrsystem LD-2000 ist also nur in der Lage, Objekte im Nahbereich vor jenen Luftangriffsmitteln zu schützen, denen es gelungen ist, andere Flugabwehrsysteme zu durchbrechen.

---

* Vgl. Schunkow: Die Waffen der Russischen Armee. Panzerfahrzeuge und Flugabwehr. Seiten 161–167.

FLUGABWEHRRAKETEN

Flugabwehrrakete HQ-2

Das Erscheinen erster sowjetischer Flugabwehrraketen S-75 „Dwina"* Ende der 1950er-Jahre in der VR China war auf die zunehmenden Flüge taiwanesischer Höhenaufklärer RB-57 und U-2 über rotchinesischem Kerngebiet zurückzuführen. Allein in den ersten drei Monaten des Jahres 1959 unternahmen diese Aufklärungsflugzeuge zehn mehrstündige Flüge über der VR China, und ab Juni überflogen sie zweimal die Hauptstadt Peking. Mao Tse-tungs Stirn knitterte sich in Sorgenfalten und er begann noch mehr Zigaretten als üblich zu rauchen. Da die Rotchinesen selbst absolut nichts gegen die Überflüge in großer Höhe tun konnten, wandte sich der „Große Vorsitzende" persönlich an den sowjetischen Ministerpräsidenten Nikita Chruschtschow mit der Bitte, die VR China mit den neuesten Flugabwehrraketen S-75 „Dwina" zu unterstützen. Trotz der beginnenden Abkühlung der Beziehungen zwischen der VR China und der UdSSR gab Chruschtschow

Technische Angaben Flugabwehrrakete HQ-2	
Anzahl der Startvorrichtungen	1
Startgewicht, kg	2211
Gewicht des Gefechtskopfes, kg	190
Höchstgeschwindigkeit der Rakete, m/sec	1150
Einsatzbereich, km:	
maximal	32
minimal	12
Zielanflughöhe, km:	
maximal	24,5
minimal	1,0

dem Ersuchen Maos statt, zumal die Sowjets ein ähnliches Problem mit US-amerikanischen Höhenaufklärern hatten. Im Frühjahr 1959 trafen unter strengster Geheimhaltung fünf Raketenbatterien und eine technische Abteilung mit insgesamt 62 Flugabwehrraketen S-75 in China ein. Dabei eine

Flugabwehrraketen HQ-2.

Flugabwehrraketen HQ-2 bei einer Parade.

Start von Flugabwehrraketen HQ-2.

Schar sowjetischer Spezialisten, die die Chinesen am neuen Waffensystem schulten. Erste Erfolge ließen nicht lang auf sich warten, wenn auch mit direkter sowjetischer Unterstützung: am 7. Oktober 1959 gelang unter Leitung des sowjetischen Militärberaters W. Sljusar in der Nähe von Peking der Abschuss einer taiwanesischen RB-57D in 20.600 m Höhe – zugleich der erste erfolgreiche Einsatz einer weitreichenden Boden-Luft-Rakete unter Gefechtsbedingungen überhaupt. (Internationale Bekanntheit erwarb sich die S-75 dann durch den Abschuss eines US-amerikanischen Spionageflugzeugs mit Pilot Gary Powers am 1. Mai 1960). Überzeugt von ihrer Wirksamkeit, erwarben die Chinesen die Lizenz zum Nachbau der S-75, die sie HQ-1 tauften („Hongqi-1", „Rotbanner-1"). Im Januar 1965 gelang es der chinesischen Luftverteidigung an den Erfolg mit der S-75 anzuknüpfen und mehrere U-2-Höhenaufklärer mit HQ-1-Raketen abzuschießen. Als die U-2 wenig später aber mit neuer Ausrüstung für elektronische Gegenmaßnahmen konterten, schossen die HQ-1 buchstäblich ins Leere. Es bestand die dringende Notwendigkeit, eine verbesserte Ausführung zu entwickeln, die HQ-2. Die VBA stellte sie im Juli 1967 in Dienst. Das System bestand aus einer Raketenleitstation und sechs HQ-2-Abschussvorrichtungen sowie sechs Transport- und Ladefahrzeugen. Es entstanden verschiedene Modifikationen der HQ-2, aber alle entsprachen dem gleichen aerodynamischen Schema und hatten zwei Stufen – eine Startstufe mit einem Feststoffmotor und eine Marschstufe mit einem Flüssigkeitstriebwerk, die eine hohe Anfangsgeschwindigkeit beim Schrägstart und eine ausreichend große Reichweite der Rakete gewährleisteten.

Feuerstellungen von Flugabwehrraketen HQ-2.

Abschuss- und Transportvorrichtung für Flugabwehrraketen HQ-2.

Die Weiterentwicklung der HQ-2 gipfelte 1979 in der mobilen HQ-2B auf Kettenfahrgestell und mit neuem Funkannäherungszünder, dessen Aktivierung von der Position der Rakete relativ zum Ziel abhing. Außerdem wurde ein neuer Gefechtskopf entwickelt (oder besser gesagt, von sowjetischen Raketen kopiert), um die Trefferwahrscheinlichkeit zu erhöhen. Hinzu kam ein neues Marschtriebwerk mit erhöhter Schubkraft. Die HQ-2B stellte die VBA 1986 in Dienst. Allerdings gewann der HQ-2B-Komplex nicht wirklich an Beweglichkeit, denn über nennenswerte Entfernungen bewegen ließ sich die mit Treibstoff und Oxidator betankte Rakete aus Sicherheitsgründen auf Ketten nicht. Im Laufe der Jahre stellten die Chinesen von der HQ-2 nebst Abarten über 600 Abschussgeräte und 5000 Boden-Luft-Lenkflugkörper her. Etwa 100 HQ-2-Flugabwehr-Raketenabteilungen bilden seit langem das Rückgrat der chinesischen Luftverteidigung. Jede HQ-2-Abteilung umfasst sechs Abschussvorrichtungen, 18 Ersatzraketen, ein Zielerfassungsradar, ein Leitradar, sechs Transport- und Ladefahrzeuge sowie weitere Ausrüstung. HQ-2-Abteilungen sind organisatorisch sowohl in Flugabwehrraketen-Regimentern als auch - Brigaden eingegliedert. Die VBA ersetzt seit geraumer Zeit die HQ-2 durch modernere chinesische und russische Systeme. Von den 110–120 Flugabwehr-Raketenabteilungen der VBA sind nurmehr 10 % mit der HQ-2 bewaffnet und in strategisch weniger wichtigen Gebieten stationiert. Man kann davon ausgehen, dass auch sie in Bälde durch neue Raketen abgelöst werden.

---

* Die S-75 „Dwina" ging über die S-25 „Berkut" wiederum auf die deutsche Flugabwehrrakete „Wasserfall" zurück (Erststart 29. April 1944), von der bis Kriegsende 40 Versuchsmuster entstanden waren. Mithilfe deutscher Raketenfachleute entwickelten sowohl Sowjets als auch US-Amerikaner in den Nachkriegsjahren daraus eigene Luftabwehrraketen.

Flugabwehrrakete HQ-6 und HQ-64

Im Zuge der Verschlechterung der Beziehungen zwischen Rotchina und der UdSSR in den späten 1950er- und 1960er-Jahren nahmen einige NATO-Staaten eine militärisch-technische Zusammenarbeit mit China auf, die jahrzehntelang andauerte. Ein Aspekt bestand darin, dass China moderne westliche Waffen erwarb, um auf deren Grundlage eigene Waffensysteme zu entwickeln bzw. nachzubauen. Eines der zahlreichen Beispiele stellte die Flugabwehrrakete HQ-6 (Exportbezeichnung LY-60) in den späten 1980er-Jahren dar, die auf den italienischen Fla-Raketen „Spada" (Schwert) und „Aspide" (Aspis-Viper) basiert. Später folgten die modernisierten Ausführungen HQ-64 und HQ-6D. Die Luftabwehrrakete HQ-64 dient zur Bekämpfung von Flugzielen, einschließlich Marschflugkörpern, auf Entfernungen von 1,3 bis 20 km und in Höhen von 15 m bis 5 km unter komplexen Störungs- und Wetterbedingungen. Eine HQ-64-Batterie besteht

Technische Angaben Flugabwehrrakete HQ-64	
Anzahl der Startvorrichtungen	4
Maximaler Durchmesser Raketenkörper, mm	200
Länge der Rakete, mm	3720
Startgewicht, kg	220
Gewicht des Gefechtskopfes, kg	35
Typ des Gefechtskopfes	Spreng-/Splitter
Einsatzbereich, km:	
- maximal	20
- minimal	1,3
Zielanflughöhe, km:	
- maximal	5
- minimal	0,015

aus einem luftgestützten Zielerfassungsradar, drei Raketenleitstationen, sechs Abschussvorrichtungen, einem Führungsfahrzeug, acht Transport- und Ladefahrzeugen sowie Unterstützungs- und Versorgungsfahrzeugen. Die HQ-64 ist baugleich mit der

Flugabwehrraketensystem HQ-6.

LD-2000, Heckansicht.

italienischen „Aspide Mk.1". Bei einer Startmasse von 220 kg, einer Länge von 3,72 m, einem Rumpfdurchmesser von 0,2 m trägt sie einen 35 kg schweren Sprengsplittergefechtskopf. Das Festtreibstofftriebwerk verleiht ihr eine Höchstgeschwindigkeit von bis zu 1200 m/sec. Die Lenkung erfolgt über ein halbaktives Radar mit Funkkorrektur im mittleren Teil der Flugbahn. Je vier Abschussgestelle sind auf einer schwenkbaren Plattform hinter dem Führerhaus eines dreiachsigen Lkw aufgebaut. Die Ortungs- und Leitradare nutzen die Fahrwerke zweiachsiger Lkw. Da die drei Leitradare über je einen Richtkanal verfügten, kann ein Trägerfahrzeug nicht mehr als drei Luftziele gleichzeitig bekämpfen, während das Ortungsradar bis zu 40 Ziele gleichzeitig erfassen kann. Die Trefferwahrscheinlichkeit einer einzelnen HQ-64 auf tieffliegende Ziele liegt Angaben zufolge bei ungefähr 60–80 %. Ein Kommandofahrzeug ist in der Lage, bis zu vier HQ-64-Batterien zu führen und diese wiederum in ein größeres Luftverteidigungsnetz einzubinden. Eine Batterie erreicht unter feldmäßigen Bedingungen Einsatzbereitschaft in 9 bis 15 Minuten. Als Ergänzung des HQ-64-Systems dient das Ludun-2000 (LD-2000), vgl. oben unter FK-1000) das eine siebenrohrige 30-mm-Revolverkanone nebst 1000 Schuss Munition, ein Leitradar Typ 357G und ein Stromerzeugeraggregat auf dem Fahrgestell eines Achtrad-Lkw Taian TA-5450 umfasst. Es handelt sich um die landgestützte Ausführung des 30-mm-Schiffsartilleriesystems Typ 730. Das System HQ-6A bündelt wiederum ein Startgestell für HQ-64-Raketen mit der erwähnten 30-mm-Revolverkanone nebst Zubehör auf einem Fahrzeug. Das erstmals auf der „AirShow China" in Zhuhai im November 2022 vorgeführte System HQ-11 (siehe unten) stellt wiederum eine Weiterentwicklung des HQ-6A dar.

Als Ergänzung des HQ-64-Systems dient das LD-2000 mit siebenrohriger Revolverkanone auf Achtrad-Fahrgestell.

Flugabwehrrakete HQ-7

1979 begann China mit der Entwicklung einer Kurstrecken-Luftabwehrrakete, die später die Bezeichnung HQ-7 erhielt. Als Vorlage dienten die Boden- und Schiffsversionen der von Thompson-CSF entwickelten französischen Fla-Rakete „Crotale“ (Klapperschlange). Die Erprobung von Versuchsmustern des chinesischen „Crotale“-Nachbaus fand von Juli 1986 bis Juni 1988 statt. Noch vor Abschluss der Erprobung übernahm die VBA die HQ-7 im Jahr 1987 und die Serienfertigung lief an. Nach Quellenangaben wurden insgesamt etwa 500 HQ-7-Anlagen gebaut, die beim chinesischen Heer, der Luftwaffe und der Marine in verschiedenen Ausführungen in Dienst stehen. Die selbstfahrende Landversion auf Vierrad-Fahrgestell dient der Luftabwehr beweglicher

Technische Angaben Flugabwehrrakete HQ-7	
Anzahl der Startvorrichtungen	4
Maximaler Durchmesser Raketenkörper, mm	150
Länge der Rakete, mm	2890
Startgewicht, kg	85,1
Gewicht des Gefechtskopfes, kg	15
Typ des Gefechtskopfes	Spreng-/Splitter
Höchstgeschwindigkeit, m/sec	760
Einsatzbereich, km:	
- maximal	8,5
- minimal	0,5
Zielanflughöhe, km:	
- maximal	5
- minimal	0,05

Flugabwehrraketen HQ-7 auf einer Parade.

Zielerfassungsradar für Flugabwehrraketen HQ-7.

Bodentruppenteile, die gezogene Variante der Luftverteidigung von Flugplätzen und Luftwaffen-Anlagen und die achtschüssige Ausführung HHQ-7 der Luftabwehr auf Kriegsschiffen. Die selbstfahrende Version der HQ-7 baut auf den Fahrgestellen zweier gepanzerter Radfahrzeuge auf. Eines der Fahrzeuge trägt vier HQ-7-Raketen in ihren Transport- und Abschussbehältern, ein Zielerfassungs- und verfolgungsradar, einen Bordrechner, eine Infrarotanlage, eine Leitfunkanlage, eine Weitwinkel-Zielverfolgungskamera und ein Visier, mit dem sich Ziele bei

Die achtschüssige Ausführung HHQ-7 für Kriegsschiffe.

Start einer Flugabwehrrakete HQ-7.

guter Sicht manuell erfassen und verfolgen lassen. Das zweite Fahrzeug trägt ein Erfassungs- und Zielbestimmungsradar, einen Bordrechner und ein Gerät zur Ausgabe von Zieldaten. Dieses Führungsfahrzeug stimmt den Einsatz der aus zwei bis drei Raketen-Trägerfahrzeugen bestehenden Schießgruppe ab. Die Flugabwehr-Lenkrakete HQ-7 an sich hat ein Startgewicht von 85,1 kg, einen maximalen Rumpfdurchmesser von 150 mm und eine Länge von 2890 mm. Der 15 kg schwere Sprengsplittergefechtskopf enthält eine 5-kg-Ladung mit Annäherungszünder. Das Festtreibstoff-Triebwerk sorgt für eine Höchstgeschwindigkeit von 760 m/sec und eine

Reichweite von 8,5 km. Das Radar des Führungsfahrzeuges kann gleichzeitig bis zu 60 Luftziele in bis zu 18 km Entfernung erfassen. Es dauert 5-10 Minuten, um den gesamten Komplex aus der Fahr- in Feuerstellung zu bringen. Die Reaktionszeit beträgt 6–10 Sekunden, und die Wahrscheinlichkeit, ein Luftziel mit einer einzigen Rakete zu treffen, liegt bei 0,75. Eine verbesserte Version HQ-7A mit 25 km Erfassungs- und 15 km Einsatzreichweite wurde 1998 eingeführt. Die Höchstgeschwindigkeit der Rakete steigerte sich von 750 auf 900 m/sec. Eine weitere selbstfahrende Version des HQ-7-Komplexes mit der Bezeichnung FM-80 bieten die Chinesen für den Export an. Sie wurde erstmals 1989 auf der „Dubai Airshow" vorgeführt.

Flugabwehrraketensystem HQ-7 auf Vierrad-Fahrgestell.

Flugabwehrrakete HQ-7B

Die jüngste Version des HQ-7-Flugabwehrraketensystems stellt die erstmals 2009 vorgestellte HQ-7B dar. Es ist bekannt, dass sie von der VBA eingeführt wurde und zum Export unter der Bezeichnung FM-90 angeboten wird. Die selbstfahrende HQ-7B baut auf einem neuen Sechsrad-Lkw-Fahrgestell auf, das bessere Beweglichkeit bei der Begleitung von Panzer- und motorisierten Verbänden bietet als der HQ-7-Komplex auf Vierrad-Fahrgestell. Zudem bietet sie der Bedienung Panzerschutz gegen Handwaffengeschosse und Granatsplittern. Im Vergleich zum HQ-7 verwendet das neue System ein Zweiband-Leitradar anstelle des Monopuls-Radars Typ 345. Die Informationsverarbeitungseinheit basiert auf integrierten Schaltkreisen. Der Übergang von der analogen zur volldigitalen Datenverarbeitung erhöhte die Störfestigkeit des Systems bei aktiven und passiven Interferenzen deutlich. Ein in die optoelektronische Nachführanlage integriertes Wärmebildgerät gewährleistet die volle Nachtkampffähigkeit und die neue Funkanlage den Informationsaustausch zwischen dem Führungs- und den Raketenträgerfahrzeugen, ähnlich wie bei der Serie 4000 der französischen Fla-Rakete „Crotale". Das Zielortungs- und Erfassungsradar baut ebenfalls auf einem gepanzerten Sechsrad-Fahrgestell auf. Es ist leistungsfähiger als frühere Versionen des HQ-7 und mit einer AESA-Antenne *(Active Electronically Scanned Array,* Radar mit aktiver elektronischer Strahlschwenkung) mit S-Band ausgestattet. Es kann bis zu 48 Flugziele erfassen und bis zu 24 gleichzeitig verfolgen bei einer maximale Erfassungsreichweite von 25 km und einer maximalen Verfolgungsreichweite von 20 km. Ein Trägerfahrzeug trägt vier Transport- und

Das Flugabwehrraketensystem HQ-7B baut auf einem gepanzerten Sechrad-Fahrgestell auf.

HQ-7B auf einer Parade.

Technische Angaben Flugabwehrrakete HQ-7B	
Anzahl der Startvorrichtungen	4
Maximaler Durchmesser Raketenkörper, mm	156
Länge der Rakete, mm	2890
Startgewicht, kg	84,5
Gewicht des Gefechtskopfes, kg	15
Typ des Gefechtskopfes	Spreng-/Splitter
Höchstgeschwindigkeit, m/sec	900
Einsatzbereich, km:	
- maximal	15,0
- minimal	0,7
Zielanflughöhe, km:	
- maximal	6,0
- minimal	0,03

Ziel- und Erfassungsradar HQ-7B.

Abschussbehälter für HQ-7B-Flugabwehr-Lenkraketen. Eine Rakete ist 3 m lang, wiegt 84,5 kg und verwendet einen verbesserten Feststoff-Raketenmotor mit deutlich erhöhter Reichweite. Auch der Zünder sowie die „Hardware" der Lenkanlage wurden modernisiert. Dadurch kommt die Rakete auf eine Höchstgeschwindigkeit von 900 m/sec und eine Einsatzreichweite von 15 km. Sie kann Hubschrau-

ber, Flugzeuge, Drohnen, Marschflugkörper und Raketen auf bis zu 15 km Entfernung bekämpfen. Die Mindestreichweite beträgt 700 m und die maximale Flughöhe 6000 m. Die Rakete verfügt über einen 15 kg schweren Sprengsplittergefechtskopf mit Annäherungs- und Berührungszünder. Die Trefferwahrscheinlichkeit soll über 85 Prozent liegen. Eine Batterie HQ-7B besteht aus drei Raketenfahrzeugen und einem Führungsfahrzeug mit Zielerfassungsradar; hinzu kommen mehrere Versorgungs- und Wartungsfahrzeuge. Folgende HQ-7B-Varianten wurden entwickelt und befinden sich in Produktion:

- FM-90. Diese Exportversion baut auf einem anderen Sechsrad-Fahrgestell von Dongfeng mit gewissem Panzerschutz auf.
- FM-90(N). Export-Marineausführung für Fregatten oder Zerstörer mit acht Abschussbehältern zum Abfangen seegestützter Anti-Schiffs-Raketen.

China bietet die Flugabwehrrakete HQ-7B auf dem internationalen Waffenmarkt unter der Bezeichnung FM-90 an; wie zuvor die HQ-7 unter FM-80.

Abschuss einer HQ-7B.

Flugabwehrrakete HQ-9

In den frühen 1980er-Jahren arbeitete das Unternehmen China Academy of Defence Technology an der Entwicklung einer Flugabwehrrakete großer Reichweite, die feindliche Flugzeuge, Marschflugkörper usw. in allen Einsatzhöhen, bei Tag und Nacht und unter jedweden Wetterbedingungen abwehren sollte. Die Arbeiten beschleunigten sich erheblich, nachdem China 1993 eine Anzahl selbstfahrender Langstrecken-Fla-Raketensysteme S-300PMU-1* von Russland erworben hatte. Die Verhandlungen zwischen Peking und Moskau über den Kauf begannen bereits 1991. Nach der öffentlichen Vorführung von S-300P auf der Moskauer Luftfahrtausstellung 1992 begann 1993 die Lieferung des Systems an China, das Ausrüstung für vier Abteilungen S-300PMU im Wert von 220 Millionen US-Dollar bestellt hatte. Bevor die Lieferungen noch begannen, waren mehrere Dutzend chinesischer Offiziere und Raketenspezialisten in Russland am System ausgebildet und geschult worden. 1993 lieferten die Russen 32 gezogene Abschussvorrichtungen 5185T mit Zugfahrzeugen KrAS-265V. Zu jeder Abschussvorrichtung gehörten vier Transport- und Startbehälter mit Raketen 5B55U und 4–8 Ersatzraketen. 1994 lieferten die Russen weitere 120 Raketen für das Übungsschießen. Der Komplex ist für die gleichzeitige Bekämpfung von sechs Luftzielen in bis zu 75

Technische Angaben Flugabwehrrakete HQ-9	
Anzahl der Startvorrichtungen	4
Maximaler Durchmesser Raketenkörper, mm	700
Länge der Rakete, mm	9000
Startgewicht, kg	2000
Gewicht des Gefechtskopfes, kg	180
Typ des Gefechtskopfes	Spreng-/Splitter
Höchsgeschwindigkeit, m/sec	680
Einsatzbereich, km: - maximal	200
- minimal	6,0
Zielanflughöhe, km: - maximal	3,0
- minimal	0,5

km Entfernung ausgelegt, wobei auf jedes Ziel zwei Raketen gerichtet sind. Das System S-300PMU beeindruckte die chinesischen Fachleute, zumal China ein solches bisher fehlte; insbesondere zum Schutz größerer industrieller oder militärischer Einrichtungen. 1994 kam ein weiterer Vertrag über den Kauf von Ausrüstung für acht Abteilungen des modernen S-300PMU-1-Komplexes zum Preis von 400 Millionen Dollar zustande. Der Vertrag umfasste die Lieferung von 32 Abschussvorrichtungen 5185SE/DE auf vierachsigen MAS-543M-Fahrgestellen und 196 Raketen 48H6E für sie. Die verbesserten Raketen

Flugabwehrrakete HQ-9 in Startstellung.

Die Abschussvorrichtung der Flugabwehrrakete HQ-9 wird hydraulisch in Startstellung gebracht.

Der Start der Langstrecken-Flugabwehrrakete HQ-9 erfolgt senkrecht.

Langstrecken-Flugabwehrraketensystem HQ-9 in Marschstellung.

verfügen über halbaktive Radarlenkung und eine auf 150 km erhöhte Reichweite. Ein 2001 unterzeichneter Zusatzvertrag im Wert von 400 Mio. USD sah den Kauf weiterer acht S-300PMU-1-Abteilungen mit 32 Fahrzeugen und 198 Raketen 48H6E vor. Diese stationierte China an der Taiwanstraße und im Raum Peking. 2003 bekundete China die Absicht zum Kauf der verbesserten S-300PMU-2, die Russland erstmals 2001 auf dem internationalen Waffenmarkt anbot. Der Auftrag umfasste 64 Fahrzeuge 585SE2/DE2 und 256 Raketen 48H6E2. Erste Komplexe wurden 2007 geliefert. Das verbesserte System kann sechs Luftziele gleichzeitig auf bis zu 200 km und einer Höhe von bis zu 27 km bekämpfen. Mit Einführung dieser Systeme verfügte die VR China erstmals über die Fähigkeit, ballistische Raketen auf bis zu 40 km Entfernung abzufangen. Nach Angaben russischer Medien wurde Ausrüstung für insgesamt vier S-300PMU-Abteilungen, acht S-300PMU-1-Abteilungen und zwölf S-300PMU-2-Abteilungen an China geliefert. Jede Abteilung umfasst sechs Träger(-Fahrzeuge) mit Raketenabschussvorrichtungen. Die technischen Lösungen dieser Systeme übernahmen chinesische Fachleute im Zuge der weiteren Arbeit für eigene Anlagen. In den späten 1990er-Jahren führte die VBA das von der Chinesischen Akademie für Verteidigungstechnologie entwickelte System unter der Bezeichnung HQ-9 ein. Der Aufbau der HQ-9 entspricht dem üblichen Schema mit einem zylindrischen und sich nach oben verjüngendem Raketenkörper (700 mm und 560 mm Durchmesser), der Kopfteil läuft spitz zu und am Heckteil befinden sich vier Lenkruder. Die Gesamtlänge der Rakete beträgt 9 m und sie arbeitet mit einem zweistufigen Feststofftriebwerk mit raucharmem Mischtreibstoff. Der 180 kg schwere Sprengsplitter-Gefechtskopf verfügt über einen Annäherungszünder, der im Abstand von 35 m zum Ziel anspricht. Die Rakete erreicht bei einer Beschleunigung von 22 g eine Höchstgeschwindigkeit von 2 Mach (also doppelte Schallgeschwindigkeit);

die Flugzeit bis zur maximalen Einsatzentfernung beträgt etwa 2 Minuten. Die Rakete verbleibt bis zum Abschuss in einem versiegelten Transport- und Abschussbehälter. Der Start erfolgt senkrecht und ohne vorherige Schwenkung der Abschussvorrichtung in Zielrichtung. Die Lenkung übernimmt eine Trägheitslenkanlage, bei Annäherung ans Ziel übernimmt eine halbaktive Radarsuche. Die Steuerbefehle stammen vom Zielerfassungs- und Lenkradar auf einem anderen Fahrzeug und werden im Reiseflug per Funk übermittelt. Die Abschussvorrichtung mit vier Transport- und Startbehältern HQ-9 ist auf dem Fahrgestell eines Achtrad-Lkw Taian TA-5380 aufgebaut und ähnelt äußerlich der russischen S-300. Das Fahrzeug verfügt über eine autonome Stromversorgungsanlage und erreicht auf guten Straßen eine Höchstgeschwindigkeit von 60 km. In Feuerstellung stabilisieren es hydraulische Stützen. Die Zeitspanne zwischen den Starts der einzelnen Raketen beträgt 5 Sekunden. Das multifunktionale, phasengesteuerte Zielerfassungs- und Lenkradar NT-233 befindet sich auf einem Zehnrad-Lkw Taian TA-S5501 mit 30 t Nutzlast. Es besteht aus einem Container-ähnlichen Aufbau mit Antennenmast und vielpoliger Antenne. Die rundum schwenkbare Antenne hat einen Höhenrichtbereich von 0° bis 65° und kann über 100 Ziele auf bis zu 120 km erfassen; die Verfolgungsreichweite beträgt 90 km. Über 50 potenzielle Ziele können nach ihrer Art bestimmt, von eigenen Luftfahrzeugen unterschieden und automatisch verfolgt werden. Das NT-233 ist in der Lage, sechs Ziele mit sechs Raketen gleichzeitig zu bekämpfen. Das im Langwellenbereich (Wellenlänge 23,75 cm) arbeitende und automatisierte Radar Typ 120 kommt bei der Erfassung von Tiefflugzielen zum Einsatz, die es auch bei nur kleinen reflektierenden Oberflächen (Marschflugkörper, Drohnen usw.) in einem komplexen Störumfeld aufspürt. Es ist mit der Kommandozentrale der Batterie Typ-350 gekoppelt. Mit dem HQ-9-System gaben sich die Chinesen aber noch nicht zufrieden und entwickelten es weiter. Kurz nach Übernahme des S-300PMU-2 aus Russland 2003 begannen die Arbeiten am verbesserten System HQ-9A, das wie das S-300PMU-2 über erhöhte Kampfkraft verfügt. Dank Verbesserungen bei der elektronischen Ausrüstung und der Software verfügt das System über erweiterte Fähigkeiten zur Bekämpfung feindlicher Raketen. Die Systeme HQ-9 und HQ-9A sind bei Flugabwehrraketen-Abteilungen im Einsatz, die die wichtigsten militärischen, industriellen und administrativen Einrichtungen der Volksrepublik China schützen. Jede Abteilung besteht aus einem Führungszug und drei Raketenbatterien (zu je drei Startfahrzeugen), vier NT-233-Radaren sowie einer Anzahl Unterstützungsfahrzeuge, darunter zwei für die Stromversorgung. Alle HQ-9-Batterien können über Funk-, Kabel- oder Glasfaserverbindungen vernetzt werden. Die HQ-9-Steuerungen sind mit den Steuerungen der S-300-Komplexe kompatibel, so dass sie in beliebiger Kombination eingesetzt werden können. Von der HQ-9 entstanden folgende Ausführungen:

- HQ-9A: verbesserte Version der HQ-9. 1999 erprobt und 2001 in Dienst gestellt.
- HQ-9P: vom pakistanischen Heer verwendete Exportversion.
- HQ-9B: verbesserte Variante mit bis zu 250 km Reichweite und zusätzlichem Infrarot-Zielsuchkopf. Kann Ziele bis in 50 km Höhe bekämpfen. Berichten zufolge 2006 erprobt und von der pakistanischen Luftwaffe beschafft.
- HQ-9C: verbesserte Ausführung mit aktiver Radar-Zielsuche.
- HQ-19: deutlich modernisierte Version der HQ-9; chinesisches Pendant zum US-amerikanischen THAAD. Speziell zur Abwehr ballistischer Raketen und zum Abschuss von Satelliten in erdnaher Umlaufbahn entwickelt.
- HHQ-9: Marineversion für Zerstörer. Der Flugkörper wird aus einer trommelartigen Abschussvorrichtung unter Deck gestartet.
- FD-2000: Exportvariante aus dem Jahr 1998.

* Vgl. Schunkow: Die Waffen der Russischen Armee. Panzerfahrzeuge und Flugabwehr. Seiten 186–191.

Flugabwehrraketensystem HQ-9 in Startstellung.

Flugabwehrraketen- und Kanonensystem HQ-11

Im November 2022 stellten die Chinesen auf der „AirShow China" in Zhuhai erstmals ihr neuestes Boden-Luft-Raketensystem HQ-11 kurzer Reichweite vor. Es wurde berichtet, dass der Komplex militärische Einrichtungen, Industrie- und Verwaltungszentren vor Angriffen feindlicher Flugzeuge und Hubschrauber, Marschflugkörper, Drohnen und Lenkbomben schützen soll. Das System folgt dem Konzept des Flugabwehrraketen-Komplexes HQ-6A, der vier Flugabwehrraketen HQ-64 und das siebenrohrige 30-mm-Geschütz LD-2000 auf einem Fahrgestell vereint (siehe oben). Der Komplex HQ-11-System umfasst hingegen zwei Fahrzeuge: eines mit acht Flugabwehrraketen HQ-11 und eines mit der elfrohrigen 30-mm-Revolverkanone LD-3000. Hinzu kommen Ladefahrzeuge, Einrichtungen zur technischen Unterstützung sowie ggf. ein zusätzliches Radar- und ein Führungsfahrzeug. Das HQ-11-System vereint also zwei Arten Kampfmittel mit unterschiedlichen Fähigkeiten und Eigenschaften. Dies macht es besonders flexibel und erweitert die Möglichkeiten der Luftabwehr entsprechend. Die

Technische Angaben Flugabwehrrakete HQ-11	
Anzahl der Startvorrichtungen	8
Typ des Gefechtskopfes	Spreng-/Splitter
Höchsteschwindigkeit, m/sec	900
Einsatzreichweite, km	25–30
Geschützkaliber, mm	30
Anzahl der Rohre	11
Theoret. Feuergeschwindigkeit, S/min	11.000
Einsatzschussweite, km	1–5

Raketen sollen Angreifer in größerer Entfernung abfangen und die Kanone übrige Ziele im Nahbereich bekämpfen. So weit bekannt, beruht der Boden-Luft-Lenkflugkörper HQ-11 auf der Flugabwehrrakete HQ-6 und wurde für den Senkrechtstart modifiziert. Seine Reichweite dürfte um die 25–30 km liegen. Die Raketen sind in ihren acht Transport- und Startbehältern auf einem vierachsigen 8 x 8-Fahrgestell aufgebaut, wie die anderen Hauptbestandteile Bedienerkabine mit Lenkausrüstung sowie Zielerfassungsradar auch. Wird die Startvor-

Raketenfahrzeug HQ-11 in Marschlage.

Heckansicht Raketenfahrzeug HQ-11; Raketen in Startstellung.

richtung hydraulisch in Gefechtsstellung gebracht, richtet sich das Paket mit den acht Fla-Raketen vertikal hinter dem Fahrzeug auf und Stützen fahren zur Stabilisierung aus. Die Raketen ergänzt das Artilleriesystem LD-3000, die landgestützte Ausführung des 30-mm-Schiffsartilleriesystems H/PJ-11 auf einem eigenen Achtrad-Fahrzeug. Hinter den Bedienerkabine befindet sich am Heck ein ferngesteuerter Geschützturm mit eigenem Zielerfassungs- und -verfolgungsradar sowie einer optoelektronischen Zielanlanlage oder -station (OLS). Radar und OLS des H/PJ-11-Moduls ermöglichen die Erkennung und Verfolgung von Luftzielen auf mindestens 15–20 km, abhängig von verschiedenen Faktoren. Die Feuergeschwindigkeit des Geschützes liegt zwischen 9000 und 11.000 S/min bei einer wirksamen Schussweite von 5 km gegen Flugziele. Die effektive Reichweite gegen Erdziele beträgt 2,5–3 km und gegen Raketen oder ähnliche Objekte 1–1,5 km. Die achträdrigen Trägerfahrzeuge kommen nicht nur auf ausgebauten Straßen, sondern auch im Gelände zurecht. In der Feuerstellung werden Raketen- und Kanonenfahrzeug über Funk miteinander vernetzt, wobei sie eigenständig Ziele aufspüren und bekämpfen können. Des Weiteren können sie unter der Führung anderer Luftabwehrsysteme agieren oder an diese Daten zur Luftlage übermitteln.

Flugabwehrrakete HQ-12

Anfang der 2000er-Jahre entwickelte das chinesische Unternehmen Jiangnan Space Industry das mobile Flugabwehrraketensystem KS-1A mittlerer Reichweite. 2005 erhielt das Unternehmen vom malaysischen Militär eine Grundsatzvereinbarung über den Kauf dieses Systems. Auf Grundlage dieser Vereinbarung organisierte Jiangnan Space Industry die Produktion in kleinem Maßstab. Als sich Malaysia aber dann weigerte, den Vertrag zu unterzeichnen, war der Ärger groß. Zur Schadensbegrenzung beschloss die Führung der VBA, die bereits gefertigten Komplexe unter der Bezeichnung HQ-12 in Dienst zu stellen. Auf einer Militärparade in Peking 2007 wurden sie dann öffentlich vorgeführt. Die Allwetter-taugliche Flugabwehrrakete HQ-12 soll feindliche Flugzeuge und Hubschrauber in allen Höhen, unter elektronischen Gegenmaßnahmen, bei Tag und Nacht und unter allen Wetterbedingungen in Entfernungen von 5 bis 50 km und in Höhen von 0,5 bis 25 km bekämpfen. Diese Werte gelten jedoch nur für Flugziele, die sich mit einer Geschwindigkeit von bis zu 320 m/sec bewegen. Bei Zielen mit 420 m/sec verringert sich die Reichweite auf 42 km und bei 720 m/sec auf 38 km. Ein HQ-12-System besteht aus den Raketen und ihrem Trägerfahrzeug, einem Multifunktionsradar H-200 zur Beleuchtung und Lenkung sowie Nachlade-, Wartungs- und Unterstützungsfahrzeugen.

Technische Angaben Flugabwehrrakete HQ-12	
Anzahl der Startvorrichtungen	2
Maximaler Durchmesser des Raketenkörpers, mm	400
Länge der Rakete, mm	5644
Startgewicht, kg	886
Gewicht des Gefechtskopfes, kg	100
Typ des Gefechtskopfes	Spreng-/Splitter
Höchstgeschwindigkeit der Rakete, m/sec	1200
Einsatzreichweite, km:	
- maximal	50
- minimal	7
Zielanflughöhe, km:	
- maximal	25
- minimal	0,5

Bei Bedarf lässt sich ein Tiefflug-Zielerfassungsradar Typ 120 des Systems HQ-9 integrieren. Die schwenkbare Schienen-Startvorrichtung für zwei HQ-12-Raketen (Schrägstart) ist auf dem Fahrgestell des geländegängigen Sechsrad-Lkw Taian TA-5150A aufgebaut. Die Raketen befinden sich nicht in Behältern und sind nebeneinander an Startschienen aufgehängt. Es ist jedoch auch eine Variante HQ-12B mit kastenförmigen Transport- und Abschussbehältern bekannt. Die HQ-12 ähnelt im Wesentlichen der zweistufigen HQ-2-Rakete (siehe dort), erhielt

Mittleres Flugabwehrraketensystem HQ-12 in Marschlage.

Rückansicht Trägerfahrzeug HQ-12 mit Raketen in Startstellung.

jedoch statt eines Flüssig- ein Feststofftriebwerk. Die Rakete hat ein Startgewicht von 886 kg, eine Länge von 5,644 m und einen Durchmesser von 0,4 m. Das Gewicht des Gefechtskopfes beträgt 100 kg. Sie erreicht im Flug eine Höchstgeschwindigkeit von 1200 m/sec. Zudem stellt sie die erste chinesische Flugabwehrrakete dar, die ein digital phasengesteuertes Radar *(Phased-Array-Radar,* PAR) zur Zielerkennung und als Leitanlage verwendet. Es ermöglicht die gleichzeitige Ausrichtung von sechs Raketen auf drei Ziele. Die Reichweite der Zielerfassung beträgt 115 km, die der Zielverfolgung 80 km. Die Radarstation verwendet neue Datenverarbeitungsmethoden, um eine wirksame Zielselektion und Schutz gegen elektronische Unterdrückung zu gewährleisten. Die Station verfügt des Weiteren über Freund-Feind-Kennung, eigenständige Stromversorgung und Funk. Eine HQ-12-Batterie umfasst in der Regel Zielerfassungs- und Leitradare, vier Kampffahrzeuge mit Abschussvorrichtungen (insgesamt 8 Raketen an Startschienen und 18 Raketen zur Ergänzung) sowie Unterstützungsfahrzeuge. Obwohl der Komplex Flugzeuge und Hubschrauber wirksam bekämpfen kann, ist seine Fähigkeit zum Abfangen moderner Lenkraketen und -bomben sowie ballistischer Raketen begrenzt.

Die schwenkbare Schienenstartvorrichtung nimmt zwei Fla-Raketen HQ-12 auf.

Abschuss einer Fla-Rakete HQ-12.

Flugabwehrrakete HQ-16

Die Mittelstrecken-Flugabwehrrakete HQ-16 besetzt in der chinesischen Luftabwehr/Luftverteidigung eine taktische Nische zwischen den Kurzstrecken- und Langstrecken-Lenkflugkörpern HQ-7 und HQ-9. Der kombinierte Einsatz aller drei Typen ermöglicht eine zuverlässige Abdeckung von VBA-Einrichtungen sowie der Industrie- und Verwaltungszentren der VR China. Chinesische Unternehmen machten sich 2005 an die Entwicklung des Flugabwehrraketensystems HQ-16, das Anleihen beim russischen Fla-Raketensystem 9K371 „Buk-M2" nahm*, unterstützt vom russischen Rüstungskonzern Almas-Antei. Nach dem erfolgreichen Abschluss der Erprobung im Jahr 2011 stellte es die VBA in Dienst. Eine HQ-16-Rakete wiegt 650 kg, ist 5,2 m lang und hat einen Durchmesser von

Technische Angaben Flugabwehrrakete HQ-16	
Anzahl der Startvorrichtungen	3
Maximaler Durchmesser des Raketenkörpers, mm	340
Länge der Rakete, mm	5200
Startgewicht, kg	650
Gewicht des Gefechtskopfes, kg	etwa 70
Typ des Gefechtskopfes	Spreng-/Splitter
Höchstgeschwindigkeit der Rakete, m/sec	750
Einsatzreichweite, km: **- maximal** **- minimal**	 40–70 keine Angaben
Zielanflughöhe, km: **- maximal** **- minimal**	 15–18 keine Angaben

Ein Trägerfahrzeug wird mit Fla-Raketen HQ-16 beladen.

Der Abschuss der Fla-Rakete HQ-16 erfolgt senkrecht.

0,34 m. Sie erreicht eine Höchstgeschwindigkeit von 1200 m/sec und kann Flugziele in Höhen von 15 m bis 18 km abfangen. Die maximale Abfangreichweite für Flugzeuge und Drohnen beträgt 40 km; bei Marschflugkörpern mit bis 300 m/sec Geschwindigkeit liegt sie zwischen 3,5 und 12 km. Der Hersteller gibt eine Trefferwahrscheinlichkeit von 85 % bei Flugzeugen und 60 % bei Marschflugkörpern an. Die Rakete arbeitet im Reiseflug mit Trägheitsnavigation und in der Endphase mit halbaktiver Radarlenkung. Das Suchradar verfügt am Antennenmast über eine passive phasengesteuerte Gruppenantenne (*Phased-Array-Antenne*, PAA). Wird ein mögliches Ziel aufgefasst, führt das Suchradar eine automatische Identifizierung, Bedrohungsbewertung und Flugbahnberechnung durch und überträgt die Informationen an das Verfolgungs- und Leitradar. Das Suchradar hat eine Reichweite von 140 km und kann Ziele erkennen, die sich in einer Höhe von bis zu 20 km befinden. Es kann bis zu 144 Flugobjekte erkennen und bis zu 48 gleichzeitig verfolgen. Das Leitradar steuert den Abschuss der Rakete mit Zielbeleuchtung. Es hat eine Reichweite von 85 km und kann bis zu 6 Ziele erkennen, 4 Ziele gleichzeitig verfolgen und 8 Raketen lenken. Bei der selbstfahrenden Abschussvorrichtung handelt es sich um einen 6 x 6-Lkw Taian TA-5350 mit sechs Transport- und Abschussbehältern HQ-16. In Marschlage sind diese waagrecht hinter dem

Das mittlere Flugabwehrraketensystem HQ-16 schließt die taktische Lücke zwischen den Fla-Raketen HQ-7 und HQ-9.

Erfassungsradar des Fla-Raketensystems HQ-16.

Führerhaus angeordnet. In Feuerstellung werden sie hinter das Fahrzeug geschwenkt und in senkrechter Startstellung ausgerichtet. Vier Hydraulikstützen fahren aus und stabilisieren Fahrzeug und Behälter während des Startvorgangs. Eine HQ-16-Batterie setzt sich aus einem Feuerleitfahrzeug, vier Raketenfahrzeugen, zwei Radarfahrzeugen, einem Stromversorgungsfahrzeug sowie Transport- und Nachladefahrzeugen zusammen; alle auf Sechsrad-Fahrgestell TA-5350. Die Chinesen entwickelten folgende HQ-16-Ausführungen:

- HQ-16A: Die wichtigste bodengestützte Fla-Raketen-Variante mit 40 km Reichweite.
- HQ-16: Version für die Marine.
- HQ-16B: Verbesserte Ausführung mit über 70 km Reichweite.
- HQ-16C: Verbesserte Variante mit über 70 km Reichweite.
- LY-80: Bodengestützte Exportausführung.
- LY-80N: Marine-Exportausführung.
- HQ-16FE: Verbesserte Variante mit bis zu 160 km Reichweite.

---

* Vgl. Schunkow: Die Waffen der Russischen Armee. Panzerfahrzeuge und Flugabwehr. Seiten 182–184.

HQ-16 auf
Sechrad-Trägerfahrzeug TA-5350.

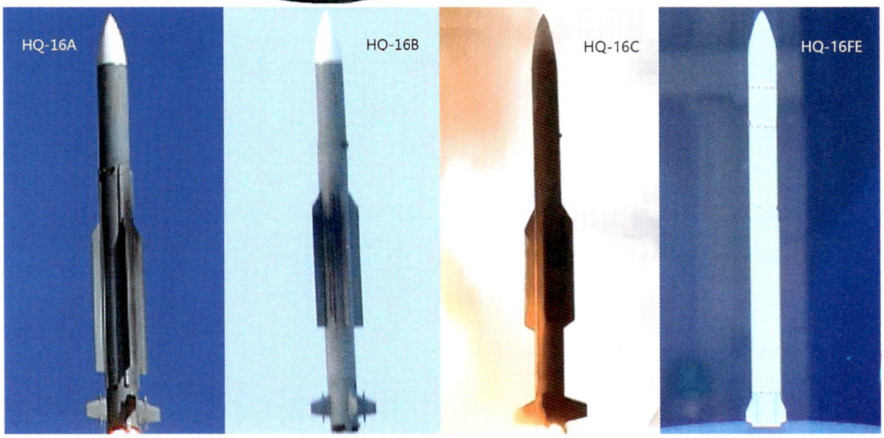

Lenkflugkörper des
Fla-Raketensystems
HQ-16.

Flugabwehrraketen-Panzer HQ-17

Zwischen 1997 und 2001 lieferte die Russische Föderation 35 Flugabwehrraketen-Panzer „Tor-M1" an China. Klar, dass die Chinesen einem Nachbau nicht widerstehen konnten, auch wenn dieser etliche Jahre in Anspruch nahm. Im April 2014 zeigte das chinesische Staatsfernsehen in einem Bericht über Flugabwehrraketen-Einheiten der 41. Armee erstmals eigene, als HQ-17 bezeichnete Fla-Raketen-Träger auf Kettenfahrgestell. Wie der russische Fla-Raketen-Panzer „Tor-M1" und seine Nachfolger* soll auch der chinesische HQ-17 mit seinen Kurzstreckenraketen in erster Linie die Luftabwehr von Panzer- und mot.-Schützenverbänden gegen Flugzeuge, Hubschraubern und große Drohnen verstärken – dank seines Kettenlaufwerks kann er ihnen ja überallhin folgen. Unabhängig davon lässt er sich abseits des Gefechtsfeldes zum Schutz wichtiger Einrichtungen einsetzen. Ein Fahrzeug nimmt acht Lenkflugkörper in Behältern auf, die senkrecht gestartet werden. Den Ausstoß beim Start übernimmt eine Gasladung. Nach dem Start klappt die Rakete ihre Steuerruder und Stabilisierungsflossen aus, die sich in Flugposition verriegeln. Sie dienen der

Technische Angaben Flugabwehrrakete HQ-16	
Anzahl der Startvorrichtungen	7
Maximaler Durchmesser des Raketenkörpers, mm	230
Länge der Rakete, mm	2900
Startgewicht, kg	165
Gewicht des Gefechtskopfes, kg	keine Angaben
Typ des Gefechtskopfes	Spreng-/Splitter
Höchstgeschwindigkeit der Rakete, m/sec	700–800
Einsatzreichweite, km:	
- maximal	15,0
- minimal	1,5
Zielanflughöhe, km:	
- maximal	10,0
- minimal	0,01

Lenkung und Stabilisierung im Reiseflug. Nach dem Senkrechtstart neigt sich der Flugkörper in einem vorbestimmten Winkel, der in die Steuerung eingegeben wurde. Diese befindet sich im vorderen Teil des Raketenkörpers ebenso wie die Ruderantriebe, die Stromversorgung und der Spreng-/Splittergefechtskopf mit Funkzünder. Das hintere Raketenteil

Das System HQ-17A auf Radfahrgestell.

Der Start der Flugabwehrraketen HQ-17 erfolgt nahezu senkrecht.

nimmt das Feststofftriebwerk mit den Strahldüsen ein. Die HQ-17-Rakete wiegt etwa 165 kg, misst 2,9 m in der Länge und 0,23 m im Durchmesser (ohne Flossen). Die Abfangreichweite liegt zwischen 1,5 und 15 km und ist damit etwas größer als beim russischen „Tor-M1". Der Höhenbereich, in dem Luftziele abgefangen werden können, liegt zwischen 10 m und 10 km. Der Einsatz der HQ-17 erfolgt nach dem für Flugabwehrraketen üblichen Schema der Funkkommandolenkung. Die Zielerfassungsstation führt eine Rundumsuche des Luftraums durch, erfasst und identifiziert das Ziel. Die Rechner analysieren die Luftlage, wählen die gefährlichsten Ziele aus und erzeugen Zieldaten für die Raketen. Die Leitstation bestimmt auch den günstigsten Zeitpunkt für den Raketenstart, erteilt den Startbefehl und verfolgt den Lenkflugkörper zum Ziel. Um möglichst große Wirkung zu erzielen, steuert die Leitstation auch den Gefechtskopf der Rakete über deren Funkzünder. Dieser wird in Abhängigkeit von der Annäherungsgeschwindigkeit der Rakete verzögert und sorgt so für eine optimale Abdeckung des Ziels mit Splittern. Im Falle eines Fehlschusses zerstört sich die Rakete selbst. Zu einem HQ-17-Komplex gehören natürlich auch die üblichen Unterstützungs- und Radarfahrzeuge, wie andernorts mehrfach aufgezählt. Neben dem HQ-17-Raketenträger auf Ketten- entstand der HQ-17A auf Radfahrgestell. Bei Letzterem handelt es sich um den chinesischen Nachbau des weißrussischen Sechsrad-Spezial-Lkw MSKT-6922, hergestellt von der Firma DongFeng Motor Corporation. Die HQ-17A-Systeme versehen bei Flugabwehrabteilungen mittelgroßer Heeresbrigaden ihren Dienst. Eine Exportausführung FM-2000 präsentierten die Chinesen erstmals auf der „Zhuhai Airshow" 2018.

* Vgl. Schunkow: Die Waffen der Russischen Armee. Panzerfahrzeuge und Flugabwehr. Seiten 177–181.

Fla-Raketen-Panzer HQ-17, Heckansicht.

Flugabwehrrakete HQ-22

Mitte der 2010er-Jahre modernisierte das chinesische Unternehmen Jiangnan Space Industry sein früheres Flugabwehrraketen-System HQ-12. Das nun als HQ-22 bezeichnete neue Mittel- und Langstreckensystem präsentierte die Firma erstmals auf der „AirShow China" 2016 und die VBA führte es am 30. Juni 2017 bei einer Militärparade in Peking vor. Die Flugabwehrrakete HQ-22 ist für die Bekämpfung von Flugzeugen, Hubschraubern, größeren Drohnen und Marschflugkörpern auf 5 bis 170 km Entfernung bei einer Flughöhe von 0,05 bis 27 km ausgelegt. Sie verfügt über ein hohes Maß an Störsicherheit. Jene Luftabwehr-Truppenteile, die noch über veraltete HQ-2 verfügten, wurden zügig auf die HQ-22 umgerüstet. Als erster Verband erhielt sie die Pekinger Luftverteidigung und bis 2018 verfügten bereits 13

Technische Angaben Flugabwehrrakete HQ-22	
Anzahl der Startvorrichtungen	4
Maximaler Durchmesser des Raketenkörpers, mm	700
Länge der Rakete, mm	7000
Startgewicht, kg	1300
Gewicht des Gefechtskopfes, kg	180
Typ des Gefechtskopfes	Spreng-/Splitter
Höchstgeschwindigkeit der Rakete, m/sec	700–800
Einsatzreichweite, km: - maximal - minimal	 bis zu 170 5
Zielanflughöhe, km: - maximal - minimal	 27,0 0,05

Fla-Raketen HQ-22 in Startstellung.

Start einer Flugabwehrrakete HQ-22.

Raketenabteilungen über HQ-22. Die Raketen an sich werden in versiegelten, zylindrischen Transport- und Startbehältern an die Truppe geliefert. Die HQ-22 erhielt ein fortschrittliches Feststofftriebwerk und einen halbaktiven Radarzielsuchkopf, den eine Zwei-Wege-Datenfunkverbindung ergänzt. Die Flugsteuerung erfolgt über eine kombinierte Lenkanlage. In der Anfangsphase des Fluges (bis zu 75 km) erfolgt die Lenkung über Funk, in der Endphase über die TVM-Methode *(Track-via-missile)*, die die Kommandolenkung mit der halbaktiven Radarlenkung kombiniert. Der Einsatz dieser Lenkmethode verringert die Empfindlichkeit des Systems gegenüber verschiedenen elektronischen Gegenmaßnahmen und verschafft der Rakete eine optimale Flugbahn und eine hohe Zielwirkung. Der Flugkörper startet im Schrägstart von der schwenkbaren Abschussvorrichtung, die insgesamt vier Transport- und Startbehälter aufnimmt. Sie verfügt über autonome Stromversorgung. Als Leitstelle dient die multifunktionale Radarstation H-200, die in verschiedenen Ausführungen Teil der Systeme HQ-22 und NO-12 ist. Beim HQ-22-Komplex ist sie auf einem Achtrad-Lkw Hainan TA-5450 mit 25 t Nutzlast aufgebaut und stabilisiert sich im Einsatz mit hydraulischen Stützen. Das H-200-Radar arbeitet mit einer phasengesteuerten Antennengruppe mit kreisförmiger Rotation und digitaler Strahlausrichtung. Das verbesserte H-200 ermöglicht die gleichzeitige Lenkung von 12 Flugkörpern gegen sechs Ziele. Das Vorhandensein einer Funksteuerung ermöglicht die Interaktion mit HQ-2-Systemen. Am 22. November 2016 berichtete die chinesische englischsprachige Zeitschrift *People's Daily* über erfolgreiche Versuche, bei denen ein HQ-22-System zur Steuerung von HQ-2-Raketen eingesetzt wurde: 15 von 15 Zielen wurden getroffen. Der Lkw Taian TA-S5450, der als Transportfahrzeug des HQ-22-Komplexes dient, verfügt über einen 517 PS leistenden Deutz-Dieselmotor BF-6M1015CP und ein WSK400-Getriebe der deutschen Firma ZF. Er erreicht 65 km/h Höchstgeschwindigkeit; der Fahrbereich beträgt 800 km. In der viertürigen, vollständig geschützten Kabine mit Klimaanlage kommen die Bedienmannschaften unter. Eine HQ-22-Batterie besteht aus einem Lkw mit Beleuchtungs- und Lenkradar, drei Lkw mit Abschussrampen für je vier Flugabwehrraketen und einer Anzahl Unterstützungsfahrzeuge. Die Batterie ist in der Lage, sechs Luftziele gleichzeitig zu bekämpfen. Die Exportvariante des HQ-22-Systems trägt die Bezeichnung FK-3. Sie wurde erstmals 2014 öffentlich vorgestellt und 2022 von Serbien beschafft.

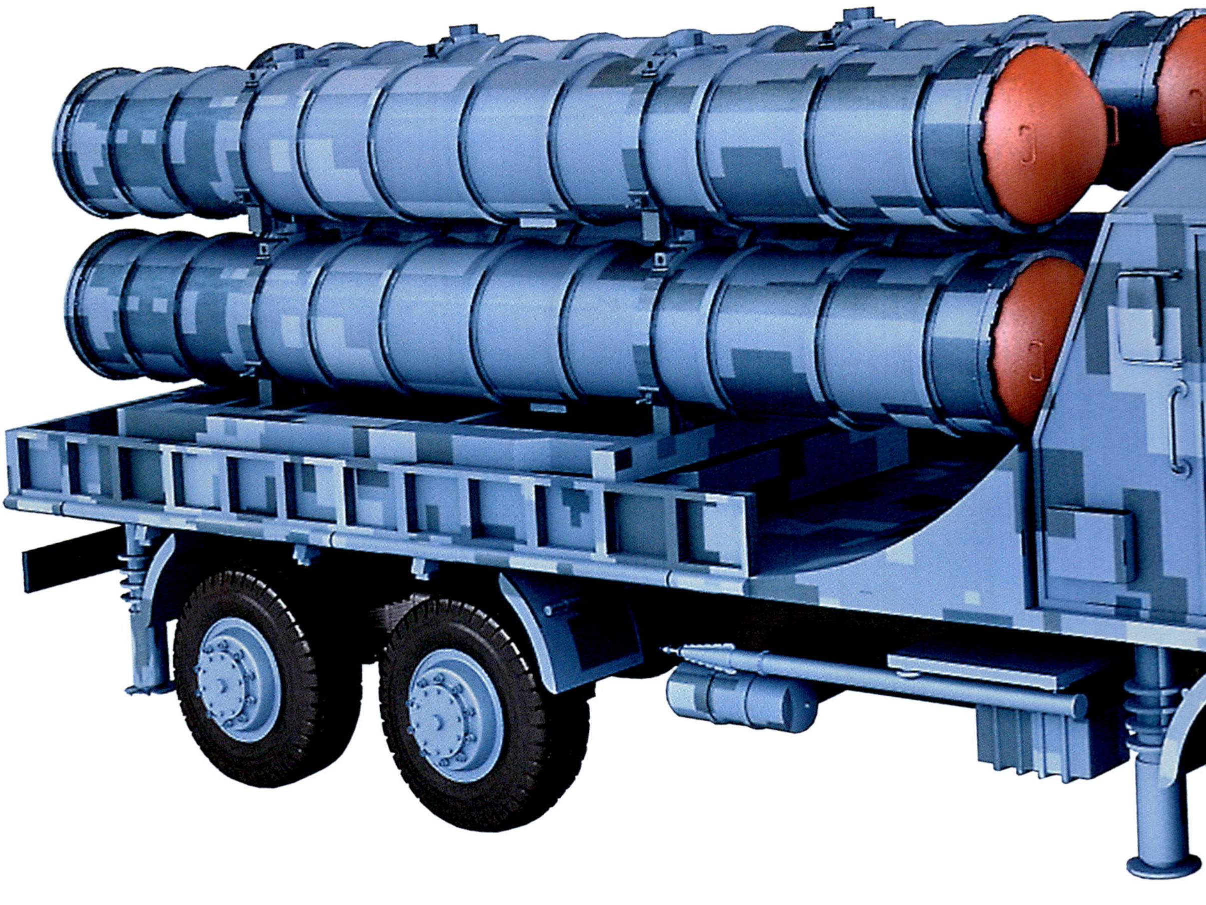

Langstrecken-Flugabwehrraketensystem HQ-22.

MEHRFACHRAKETENWERFER

107-mm-Mehrfachraketenwerfer Typ 63

In den späten 1950er-Jahren schuf Rotchina einen leichten gezogenen 107-mm-Mehrfachraketenwerfer (MRW) für Gebirgs- und Luftlandetruppen. Die Aufgabe der Entwickler bestand darin, das Gerät so zuverlässig, einfach und kostengünstig wie möglich zu gestalten. Die ab 1959 durchgeführte Erprobung des Werfers zeigte, dass sie ihrer Aufgabe gerecht geworden waren. 1963 übernahm die VBA den Werfer als Typ 63; größere Stückzahlen erhielt sie allerdings erst in den späten 1960er-Jahren. Der MRW Typ 63 verfügt über eine Abschussvorrichtung für zwölf ungelenkte Werferraketen 107 mm. Es handelt sich um ein Paket von vier Rohren in drei Reihen übereinander auf einer Spreizlafette, die auch die Visier- und Richtvorrichtungen aufnimmt. Der Höhenrichtbereich reicht von 0° bis +60° und der Seitenrichtbereich 15° nach rechts oder links. Sporne an den Holmen und zwei klappbare Stützen stabilisierten den Werfer beim Feuern nach hinten und vorn. Die Einachs-Lafette mit ihre beiden Lkw-Luftreifen erlaubte relativ hohe Geschwindigkeiten beim Schlepp. Von seiner fünfköpfigen Bedienung ließ sich der rund 0,6 t schwere Typ 63 auch im Mannzug bewegen. Er verschoss ungelenkte 107-mm-Raketen, die sich im Flug durch Rotation um die Längsachse drallstabilisierten. Je nach Typ waren die Geschosse 0,8–0,9 m lang

Technische Angaben 107-mm-MRW Typ 63	
Kaliber, mm	107
Anzahl der Rohre	12
Bedienung	5
Gewicht in Feuerstellung, t	0,611
Abmessungen, mm:	
Länge	2600
Breite	1400
Höhe in Marschlage	1200
Raketengewicht, kg	18
Schussweite, km:	
maximal	8,5
minimal	–
Dauer einer Vollsalve, sec	7–9
Nachladezeit, min	3

und wogen etwa 18 kg. Als Wirkladungen standen Sprenggefechtsköpfe (HE), Sprenggefechtsköpfe mit verstärkter Splitterbildung (FRAG-HE) und Brandgefechtsköpfe zu Verfügung. Außerdem gab es eine Rakete mit Funkstörsender. Die Schussweite der HE-Rakete betrug 8,5 km und eine Vollsalve, bei der alle zwölf Rohre schnell nacheinander ihre Raketen abfeuerten, dauerte 7–9 Sekunden. Neben dem Hauptmodell Typ 63 schufen die Chinesen einen leichteren Typ 63-1, und die eigentliche Ausführung für Gebirgs- und Luftlandetruppen ließ sich in Traglasten zerlegen. Dann gab es noch

MRW Typ 63 beim Feuern. Die Höchstschussweite beträgt 8,5 km.

Der zwölfrohrige 107-mm-Mehrfachraketenwerfer Typ 63.

den tragbaren Einzelwerfer Typ 85 auf Dreibeinlafette, der nur 22,5 kg wog. Der Typ 81 stellte die selbstfahrende Version auf Vierrad-Fahrgestell eines leichten Lkw dar. Der 107-mm-MRW erfreute sich wegen seiner günstigen Herstellungskosten, seiner Unkompliziertheit und seiner Einsatztauglichkeit bei der VBA großer Beliebtheit. Er ging ursprünglich an Artillerieabteilungen von Schützenregimentern. Zu jeder Abteilung gehörte eine gemischte Batterie, die neben 120-mm-Mörsern auch über sechs 107-mm-Werfer Typ 63 verfügte. In den 1990er-Jahren stieg der Typ 63 sozusagen von Regiments- auf Bataillonsebene ab. Derzeit soll die VBA noch über 1570 Typ 63 verfügen, von denen etwa 700 eingelagert sind. Den 107-mm-MRW lieferte Rotchina an Syrien, Albanien, Vietnam, Kambodscha, Zaire, Pakistan und an etliche so genannte Befreiungsbewegungen in Asien und Afrika. Der Iran und Nordkorea fertigten den Typ 63 im eigenen Land in Serie und auch Südafrika in den 1970er-/1980er-Jahren, wo

Der zweirohrige Typ 63-1 stellt eine Leichtausführung des Typ 63 dar.

ihn die Firma Mechem Developments zur Lieferung an „nicht genannte Länder" als RO 107 nachbaute. Die Südafrikaner erweiterten das Munitionsspektrum außerdem um einen besonders wirksamen Kugelsplitter-Gefechtskopf mit in Epoxidharz eingegossenen Stahlkugeln.

Marke Eigenbau: Improvisierte Startvorrichtung mit 107-mm-Werferrakete Typ 63.

Einschüssiger 107-mm-Raketenwerfer Typ 85.

107-mm-Werferraketen auf ihren Transportkisten.

MRW Typ 63 beim Salvenfeuer.

MRW Typ 63 auf leichten Geländefahrzeugen beim Feuern.

Noch ein Foto des MRW Typ 63 beim Feuern. Gut zu sehen eine 107-mm-Rakete, die gerade ihr Startrohr verlassen hat.

MRW Typ 63 auf Lkw-Fahrgestell.

122-mm-Mehrfachraketenwerfer Typ 81

Das chinesische Militär war beeindruckt von der Feuerkraft der 122-mm-Mehrfachraketenwerfer BM-21 „Grad" (Hagel), die sowjetischen Truppen während des sowjetisch-chinesischen Grenzkonflikts im März 1969 zum Sieg über die chinesischen Besetzer der Damanski-Insel im Ussuri verholfen hatten*. Lange Zeit gelang es den chinesischen Ingenieuren nicht, einen ähnlichen Werfer zu bauen, bis ihnen eines Tages der Zufall zu Hilfe kam: 1979 konnten chinesische Truppen während des Grenzkonflikts mit Vietnam mehrere BM-21 und dazugehörige Munition erbeuten. 1982 lag dann mit dem Typ 81 ein fast exakter Nachbau des sowjetischen BM-21 vor. Der einzige Unterschied bestand im fahrbaren Untersatz: anstelle des sowjetischen Dreiachs-Lkw Ural 375D trat der chinesische Nanjing CQ-260 (Nachbau des französischen Berliet GBU-15). Der Aufbau des Typ 81 entsprach ansonsten dem BM-21: Im vorderen Teil befindet sich das ungepanzerte Führerhaus, in dem neben dem Fahrer zumindest ein Teil der sechsköpfigen Bedienung unterkommt. Im hinteren Teil befindet sich der 40-rohrige Raketenwerfer, der sich nach der Höhe von 0 bis +55 und nach der Seite

Technische Angaben 122-mm-MRW Typ 81	
Kaliber, mm	122
Anzahl der Rohre	40
Bedienung	6–7
Gewicht in Feuerstellung, t	15,5
Abmessungen, mm:	
Länge	7200
Breite	2520
Höhe in Marschlage	3050
Raketengewicht, kg	–
Schussweite, km:	
maximal	20,6 bis 40
minimal	5
Dauer einer Vollsalve, sec	20
Nachladezeit, min	8

Seine höchste Wirkung entfaltet der 122-mm-MRW Typ 81 mit Batteriesalven.

122-mm-MRW Typ 81 in Gefechtsstellung.

je 70° links und rechts der Fahrzeug-Längsachse richten lässt. Er verschießt ungelenkte 122-mm-Raketen, die sich im Flug sowohl über das sich entfaltende Vierflossen-Leitwerk als auch durch Drehung um ihre Längsachse (Drall) stabilisieren. Es können Einzelraketen wie Salven abgefeuert werden. Die Dauer einer Vollsalve beträgt 20 Sekunden. Als Hauptgefechtskopf dient ein Sprengsplittergefechtskopf, aber es gibt auch einen Gefechtskopf mit verstärkter Splitterwirkung (mit 4100 Stahlkugeln), einen Brandgefechtskopf mit 6000 Brandelementen, die sich in einem Radius von 30 m verteilen, und einen Streugefechtskopf mit Tochtermunition. Letzterer lässt sich entweder mit 39 kleineren Sprengsplittersprengköpfen, 8 Panzer- oder 128 Schützenminen bestücken. Die Höchstschussweite beträgt 20,6 km. Durch die Verwendung neuer Treibstoffe ist es chinesischen Spezialisten gelungen, die Schussweite nach und nach auf 26, 30 und 40 km zu steigern. Meldungen zufolge erhielt die VBA insgesamt 351 MRW Typ 81. Sie gingen an Regimenter der Raketenartillerie, wo sie die 107-mm-Werfer Typ 63 und Typ 82 (siehe oben) ersetzten. Der Typ 81 diente als Grundlage zur Entwicklung folgender Varianten:

- Typ 83: Leichter MRW mit 24 Rohren, in 3 Reihen zu je 8 angeordnet.
- Typ 89 auf Kettenfahrgestell mit 40 Rohren und einem Ersatzpaket mit 40 Raketen zum schnellen Nachladen über eine Ladehydraulik.

---

* Vgl. Schunkow: Die Waffen der Russischen Armee. Infanterie und Artillerie. Seiten 222–225. Dort auch Näheres zur genauen Funktionsweise des MRW.

MRW Typ 81 beim „Feuerzauber".

122-mm-Mehrfachraketenwerfer Typ 81 in Marschlage.

122-mm-Mehrfachraketenwerfer
Typ 81, Heckansicht.

122-mm-Mehrfachraketenwerfer Typ 89 (PHZ-89)

Technische Angaben 122-mm-MRW Typ 89	
Kaliber, mm	122
Anzahl der Rohre	40
Bedienung	4
Gewicht in Feuerstellung, t	29,9
Abmessungen, mm:	
Länge	7180
Breite	3150
Höhe in Marschlage	3180
Raketengewicht, kg	66
Schussweite, km:	
maximal	20,6
minimal	8
Dauer einer Vollsalve, sec	20
Nachladezeit, min	2
Motorleistung, PS	520
Höchstgeschwindigkeit, km/h	55
Fahrbereich, km	450

Kurz nachdem die VBA den auf einem Lkw-Fahrgestell aufgebauten Typ 81 (siehe oben) eingeführt hatte, ließ sie eine Ausführung auf Kettenfahrgestell entwickeln. Denn damit konnten die Werferabteilungen gepanzerter Verbände den Panzern besser im Gelände folgen. Praktisch wäre es obendrein, wenn dieser MRW auf Ketten gleich einen Raketensatz zum Nachladen mitführen könnte. Und so geschah`s. Die Erprobung des neuen Typ 89 (PHZ-89) auf Kettenfahrgestell begann 1989. Die VBA führte ihn Anfang der 1990er-Jahre ein, als auch einer Serienfertigung nichts mehr im Wege stand. Berichten zufolge wurden 275 MRW Typ 89 hergestellt. Der Mehrfachraketenwerfer Typ 83 erhielt das Kettenfahrgestell der 152-mm-Panzerhaubitze Typ 83 (siehe dort). Wie bei dieser sitzt der Fahrer links vorn im Bug. Rechts daneben befinden sich Motor und Getriebe. Auf der Panzerplatte, die beide Abteile oben abdeckt, ist eine Vorrichtung zum mechanischen Nachladen des Werfers montiert. Die 40-rohrige Artillerieeinheit selbst befindet sich dahinter auf dem Dach des gepanzerten Heckabteils, in dem die Feuerleitanlage und auf dem Marsch auch die dreiköpfige Bedienung untergebracht sind. Die Wände aus gewalzten 10 mm dicken Panzerblechen sollen Insassen und Technik vor Handwaffengeschossen und Granatsplit-

Der 122-mm-Mehrfachraketenwerfer Typ 89 erhielt das Kettenfahrgestell der Panzerhaubitze Typ 83, da er ja Panzerverbände unterstützen soll.

122-mm-Mehrfachraketenwerfer Typ 89 beim Feuern auf einem Artillerieschießplatz.

tern schützen. Die Abschussvorrichtung mit ihren 40 Startrohren zu 10 Rohren in vier Reihen übereinander sitzt auf einem schwenkbaren Sockel mit Höhenrichtbereich 0° bis +55° und Seitenrichtbereich 168°. Das Richten erfolgt mit Motorunterstützung und notfalls händisch. Die Raketenmunition ist dieselbe wie beim Typ 81 (siehe oben). Die Raketen können einzeln oder in Salven abgefeuert werden; eine Vollsalve dauert 20 Sekunden. Das schnelle Nachladen eines leergeschossenen Rohrbündels bewerkstelligt die erwähnte Nachladevorrichtung auf der Bugplatte. Sie besteht aus einem Gestell mit 40 Werferraketen. Zum Laden richtet die Bedienung Nachladegestell und Rohrbündel so aus, dass sich alle 40 Raketen auf einmal hydraulisch in ihre Abschussrohre einschieben lassen. Dadurch verkürzt sich die Nachladezeit auf zwei Minuten. Natürlich lässt sich der Werfer auch manuell über ein Transport- und Ladefahrzeug beladen. Der im Bug verbaute Zwölfzylinder-Dieselmotor 12150L entwickelt eine maximale Leistung von 520 PS. Das Kettenlaufwerk weist sechs einzeln drehstabgefederte Lauf- und drei Stützrollen je Seite auf; Antriebsrad vorn. Auf festen Straßen erreicht der MRW Typ 89 eine Höchstgeschwindigkeit von 55 km/h. Im Gelände bewältigt er Steigungen bis zu 30°, erklettert 0,7 m hohe senkrechte Hindernisse und überschreitet 2,7 m breite Gräben. Zur Standardausrüstung gehören Funk, eine Bordsprechanlage, ein Feuerlöscher sowie ein Infrarot-Nachtsichtgerät für den Fahrer.

Panzerwerferbatterie Typ 89 beim Feuern.

122-mm-Mehrfachraketenwerfer Typ 89.

205

122-mm-Mehrfachraketenwerfer SR-4

2012 stellte Norinco den 122-mm-Mehrfachraketenwerfer SR-4 vor und gab die Beschaffung von vier Exemplaren durch Thailand bekannt. Im November 2016 kündigte das Unternehmen den Bau einer modernisierten SR-4-Ausführung an. Bei beiden handelt es sich um Weiterentwicklungen des Typ 81 (siehe oben), seinerseits ein Nachbau des sowjetischen BM-21 „Grad". Die wichtigsten Lösungen, die in die Konstruktion des SR-4 einflossen und die ihn vom Typ 81 unterscheiden, zielten auf die Automatisierung des Schießens und die Verkürzung der Nachladezeit ab. Hinzu kam neue Raketenmunition. Medienberichten zufolge umfasst das Munitionsspektrum sieben Typen Feststoffraketen, die der sowjetischen Munition in Bezug auf Leistung und Wirkung deutlich überlegen sein sollen. Dazu gehören fernlenkbare Raketen und solche mit Aerosol-, Sprengbrand-, Sprengsplitter-, Brand- und kombinierten Gefechtsköpfen. Die Höchstschussweite liegt bei 50 km. Zwei neu entwickelte Lenkraketen stechen besonders hervor. Eine arbeitet mit gasdynamischer Impuls-Flugbahnberichtigung und die andere mit aerodynamischer Ruderlenkung über Steuerflossen. Zur Erhöhung der Treffgenauigkeit dürften beide über ein Satellitennavigationssystem verfügen. Natürlich lassen sie sich nicht nur aus dem SR-4, sondern auch aus anderen 122-mm-MRW verschießen. Im Unterschied zum Typ 81 mit seinem 40-Rohr-Paket erhielt der SR-4 zwei Rohrbündel zu je 20 Rohren. Beide sind nebeneinander auf einer Drehscheibe auf der Ladefläche eines

Technische Angaben 122-mm-MRW SR-4	
Kaliber, mm	122
Anzahl der Rohre	40
Bedienung	4
Gewicht in Feuerstellung, t	–
Abmessungen, mm:	
Länge	7500
Breite	2400
Höhe in Marschlage	3000
Raketengewicht, kg	–
Schussweite, km:	
maximal	bis zu 50
minimal	20
Dauer einer Vollsalve, sec	20
Nachladezeit, min	10
Motorleistung, PS	277
Höchstgeschwindigkeit, km/h	80
Fahrbereich, km	600

122-mm-Mehrfachraketenwerfer SR-4 auf Dreiachs-Lkw Shaanxi SX-2190K.

122-mm-MRW SR-4 beim Feuern.

Dreiachs-Lkw Shaanxi SX-2190KA aufgebaut. Das Nachladen erfolgt durch Austausch der kompletten Rohrpakete mittels eines Transport- und Nachladefahrzeugs mit Kran. Der Zeitaufwand für das Nachladen beider Rohrpakete beträgt 10 Minuten. Die modernisierte digitale Feuerleitanlage umfasst einen Rechner sowie Funk- und Navigationsgeräte. Das System bietet Berichten zufolge die Möglichkeit, die Art der zu verwendenden Munition per Sprachbefehl auszuwählen. Das Trägerfahrzeug treibt ein 277 PS starker Dieselmotor an, der ihm auf guten Straßen eine Höchstgeschwindigkeit von 80 km/h verleiht. Ansonsten erklettert der Werfer bis zu 0,6 m hohe senkrechte Hindernisse, überschreitet bis zu 0,6 m breite Gräben und durchfurtet bis zu 1,2 m tiefe Gewässer. Sein Fahrbereich liegt bei 600 km. Hydraulisch ausfahrbare Stützen stabilisieren den SR-4 beim Feuern. Die Seitenscheiben des Führerhauses verdeckt die Bedienung beim Feuern mit klappbaren Panzerschilden und die Windschutzscheibe mit speziellen Lamellen, wie sie auch der US-amerikanische Ketten-MRW M270 verwendet. Vom SR-4 entstanden folgende Varianten:

- DTI-2 ist die thailändische Bezeichnung für den SR-4. 2012 bestellte Thailand vier SR-4, die China 2013 lieferte. Die 122-mm-Munition stellt Thailand selbst her.
- PHL-11 ist eine bei der VBA verwendete Abart des SR-4 mit einigen kleineren Unterschieden. In großen Stückzahlen produziert.
- PZH-10 (siehe unten) ist eine weitere chinesische Spielart des SR-4, aber auf gepanzertem Kettenfahrgestell für die Werferabteilungen gepanzerter Verbände. Erste Bilder des PZH-10 tauchten 2012 auf. 2017 stand er bereits bei der VBA im Einsatz. Der PZH-10 wurde nur in begrenzter Stückzahl gebaut, da die Fertigung auf den verbesserten PZH-11 umstellte, den die VBA ab 2022 einführte.

122-mm-Mehrfachraketenwerfer SR-4 in Gefechtsstellung. Man beachte die verdeckten Seitenfenster und die geschlossenen Lamellen der Windschutzscheibe.

122-mm-/220-mm-Mehrfachraketenwerfer SR-5

Die Fähigkeit des US-amerikanischen Mehrfachraketenwerfers M270, Raketen unterschiedlichen Kalibers aus einer einzigen Abschussvorrichtung abzufeuern*, diente Norinco-Ingenieuren als Vorbild zur Entwicklung eines eigenen Mittelstrecken-MRW mit zwei Raketenkalibern. Dieses SR-5-System wurde erstmals auf den internationalen Rüstungsmessen Eurosatory 2012 und IDEX 2013 vorgeführt. Nach Angaben des Systementwicklers Norinco handelt es sich beim SR-5 um eine universelle Abschussplattform mit modernen Technologien wie der automatischen Beladung und dem Abschuss von Raketen aus Transport- und Abschussbehältern, ähnlich Flugabwehrraketen. Der SR-5 stellt eine Weiterentwicklung des SR-4 dar mit zwei auswechselbaren Rohrpaketen. Der Aufbau des SR-5 entspricht daher dem SR-4; er verwendet aber einen Dreiachs-Lkw Taian TA-5310 als Trägerfahrzeug. Aus dem geschützten Führerhaus richtet die Bedienung die Waffenanlage mit einem Höhenrichtbereich von 0° bis 60° und einem Seitenrichtbereich von je 70° links und rechts der Fahrzeuglängsachse. Berichten zufolge bezieht der SR-5 innerhalb von 5 Minuten Feuerstellung und stellt Gefechtsbereitschaft her. Nach Beendigung des Schießens verlässt er die Feuerstellung binnen 1 Minute, um feindlichem Gegenfeuer zu entgehen. Als Abschussvorrichtungen stehen eine Anlage mit 20 Rohren für 122-mm-Rake-

Technische Angaben 122-/220-mm-MRW SR-5	
Kaliber, mm	122/220
Anzahl der Rohre	40
Bedienung	3
Gewicht in Feuerstellung, t	25
Schussweite, km:	50/70
Dauer einer Vollsalve, sec	20
Motorleistung, PS	520
Höchstgeschwindigkeit, km/h	85
Fahrbereich, km	600

Mehrfachraketenwerfers SR-5 mit zwei Rohrpaketen 220 mm. Im Vordergrund einzelne Raketen zu Demonstrationszwecken.

122-/220-mm-MRW SR-5 während der Aufnahme einer Palette mit Raketen.

ten und eine mit 6 Rohren für 220-mm-Raketen zur Verfügung. Sie lassen sich in weniger als 10 Minuten über das bordeigene mechanische Be- und Entladesystem wechseln. Die in den frühen 2010er-Jahren gezeigten MRW SR-5 waren für ungelenkte Raketentypen ausgelegt. Auf der „AirShow China" 2022 präsentierte Norinco einen SR-5 mit einer Abschussvorrichtung, die Transport- und Abschussbehälter mit zwei Arten Raketen trug. Ein Container war mit 20 ungelenkten 122-mm-Raketen und der andere mit 6 „Drachen"-Lenkraketen 60B mit Sperrmunition (Minen) beladen. Darüber hinaus soll der SR-5 in der Lage sein, 122-mm-Lenkraketen vom Typ „Feuerdrache 40", 220-mm-Lenkraketen vom Typ „Feuerdrache 70" (GR70), 220-mm-Lenkraketen vom Typ „Königsdrache 60" (GR1), 300-mm-Lenkraketen vom Typ Königsdrache 7" (GRS7) und 610-mm-Lenkraketen vom Typ „Feuerdrache 300" zu verschießen. Das allradgetriebene 8 x 8-Trägerfahrzeug TA-5310 bringt ein 520 PS leistender Dieselmotor auf eine Höchstgeschwindigkeit von 85 km/h, zumindest auf guten Straßen. Der Fahrbereich beträgt 600 km. Die viertürige Kabine bietet Platz für 5 Personen, wobei die Bedienung mit 3 Personen auskommt. 2022 erhielt das Führerhaus einen verbesserten Schutz, indem alle Fenster sowie das Dach mit wabenartigen Schutzgittern versehen wurden.

Abschussvorrichtung des MRW SR-5 für 20 x 122-mm- und 6 x 220-mm-Raketen (rechts).

* Näher vorgestellt bei Schunkow: Die Waffen der Ukrainischen Armee. Handwaffen und Heeresgerät. Seiten 194–197.

122-mm-/220-mm-Mehrfachraketenwerfer SR-5.

122-mm-Mehrfachraketenwerfer PZH-10

Erste Berichte über die Erprobung eines neuen chinesischen 122-mm-Mehrfachraketenwerfers auf Kettenfahrgestell erschienen 2012. Im Jahr 2017 wurde bekannt, dass ihn die VBA unter der Bezeichnung PZH-10 übernommen hatte. Berichten zufolge ging er nicht in den Export und es wurde nur eine relativ kleine Charge gefertigt. Wie das Kettenfahrgestell vermuten lässt, soll der PZH-10 vor allem gepanzerte Verbände begleiten und mit Feuer unterstützen, wobei er MRW-typisch vor allem Flächenziele wie feindliche Truppenansammlungen, Flugabwehr- und Artilleriebatterien usw. unter Feuer nimmt. Der PZH-10 folgt dem Aufbau des US-amerikanischen MRW M270. Den Bug nimmt das gepanzerte Führerhaus mit Fahrer, Geschützführer und dem dritten Mann der Bedienung/Besatzung ein. Dahinter befinden sich das Motorabteil und die Artillerieeinheit. Wie der SR-4 und SR-5 verfügt der PZH-10 über zwei auswechselbare Pakete zu je 20 122-mm-Raketen. Nach dem Abschuss der Raketen tauscht ein Transport- und Ladefahrzeug die leeren Pakete durch geladene aus. Die Bedienung kann freilich auch einzelne Raketen in ihren Behältern manuell nachladen – aber wohl nur, wenn der Fahrer und weitere Soldaten mithelfen. Der PZH-10 verschießt sämtliche ungelenkten chinesischen

Technische Angaben 122-mm-MRW PZH-10	
Kaliber, mm	122
Anzahl der Rohre	40
Bedienung	4
Abmessungen, mm:	
Länge	7500
Breite	3200
Höhe in Marschlage	3200
Schussweite, km:	bis zu 50
Dauer einer Vollsalve, sec	20
Motorleistung, PS	600
Höchstgeschwindigkeit, km/h	65
Fahrbereich, km	500

Gewaltige Staubwolken decken den PZH-10 beim Feuern ein.

Überprüfen der 122-mm-Raketen vor dem Abschuss; hier bei einem ungewöhnlichen Einheitspaket für 4 x 9 Raketen.

122-mm-Werferraketen. Dazu zählen auch kürzlich eingeführte Typen mit bis zu 50 km Reichweite. Berichten zufolge deckt der PZH-10 mit einer Vollsalve eine Fläche von 0,8 bis 1,0 Hektar ab (1 Hektar = 100 x 100 m). Militärexperten zufolge kann der PZH-10 auch Rohrpakete mit Raketen größer als 122 mm laden. Schon ein 2012 vorgeführtes Modell des SR-5 mit zwei Paketen 122-mm- und 220-mm-Raketen deutete in diese Richtung. Der Abschuss erfolgt über eine digitale Feuerleitanlage. Die Bedienung kann den Raketenwerfer richten und die Raketen starten, ohne das Führerhaus verlassen zu müssen. Notfalls nutzt sie die manuelle Richt- und Zielanlage. Eine Batterie PZH-10 besteht aus sechs Fahrzeugen; eine Abteilung aus drei Batterien. Letztere gilt im Einsatz als am wirksamsten. Die Fahrzeuge können jedoch auch einzeln operieren. Egal wie – die Gefahren des modernen Gefechtsfeldes verlangen nach dem Feuern einen sofortigen Stellungswechsel. Dabei leisten dem PZH-10 sein Kettenfahrgestell und der 600-PS-Dieselmotor gute Hilfe. Sie sorgen überhaupt für die erforderliche taktische Beweglichkeit. Auf Straßen ist der PZH-10 zwar nicht so schnell wie MRW auf Radfahrgestellen, erreicht aber dennoch Geschwindigkeiten bis zu 65 km/h und einen Fahrbereich von 500 km. Im Gelände spielt er seine Ketten-Stärke aus und erklettert bis zu 0,7 m hohe senkrechte Hindernisse, überschreitet bis zu 1,8 m breite Gräben und durchfurtet ohne Vorbereitung bis zu 1,5 m tiefe Gewässer.

4S KJ 94

Der 122-mm-Mehrfachraketenwerfer PZH-10 nahm Anleihen beim US-MRW M270..

122-mm-Mehrfachraketenwerfer PZH-11

Nach Bau einer Kleinserie PZH-10 löste diesen der PZH-11 ab. Erste Fotos veröffentlichten die Chinesen im März 2021, als Einheiten der 27. Armee mit dem PZH-11 Übungsschießen durchführten. Militärexperten betrachten den PZH-11 als endgültige Produktionsversion des PZH-10. Er verschießt sowohl ältere Typen von 122-mm-Raketen als auch die neuesten mit Streugefechtsköpfen für Panzer- und Schützenminen oder mit gesteigerter Reichweite. Die im Heck des Kettenfahrgestells untergebrachte Abschussanlage besteht aus zwei Paketen für je 20 Raketen Kaliber 122 mm, die sich gegen 220-mm-Pakete tauschen lassen. Der PZH-11 verwendet das gleiche Kettenlaufwerk wie der PZH-10. Der auffälligste Unterschied zwischen beiden stellt die Kabine mit verbessertem Panzerschutz dar. Die vorderen Panzerplatten der Kabine sind geneigt, was besseren Schutz gegen Handwaffengeschosse und Granatsplitter bietet. Die dreiköpfige Bedienung braucht ihre gepanzerte Schutzbehausung beim Richten und Feuern nicht zu verlassen. Alle dazu nötigen Vorgänge laufen automatisiert ab; eine händische Bedienung des MRW ist aber nach wie vor möglich. Dies digitale Feuerleitanlage verfügt über einen Bordrechner sowie moderne Topographie-, Kommunikations- und Zielbestimmungsgeräte. Der Einsatz von Aufklärungsdrohnen ist vorgesehen. Das schnelle

Technische Angaben 122-mm-MRW PZH-11	
Kaliber, mm	122
Anzahl der Rohre	40
Bedienung	4
Abmessungen, mm:	
Länge	7500
Breite	3200
Höhe in Marschlage	3200
Schussweite, km:	bis zu 50
Dauer einer Vollsalve, sec	20
Motorleistung, PS	600
Höchstgeschwindigkeit, km/h	65
Fahrbereich, km	500

122-mm-Mehrfachraketenwerfer PZH-11 beim Feuern.

Dank seines Kettenlaufwerks verfügt der Mehrfachraketenwerfer PZH-11 über hervorragende Geländegängigkeit.

Nachladen des Werfers bewerkstelligen zwei Typen Transport- und Ladefahrzeuge. Das eine basiert auf einem 8 x 8-Shaanxi-Lkw, das andere auf dem gleichen Kettenfahrgestell wie der PZH-11. Beide haben Kräne zum Auswechseln der Raketenpakete. Der Nachladevorgang nimmt so lediglich 10 Minuten in Anspruch. Länger dauert das händische Nachladen, das aber die Ausnahme bildet.

122-mm-Mehrfachraketenwerfer PZH-11.

122-mm-Mehrfachraketenwerfer WS-22

Technische Angaben 122-mm-MRW WS-22	
Kaliber, mm	122
Anzahl der Rohre	40
Bedienung	5
Schussweite, km	bis zu 70
Höchstgeschwindigkeit, km/h	90
Fahrbereich, km	1000

Die Sichuan Aerospace Industry Corporation (SCAIC) stellte auf der „AirShow China" 2006 den neuen Mehrfachraketenwerfer PR-50 „Sandsturm" vor. Zu den Merkmalen gehörten zwei Raketenpakete mit zusammen 50 Raketen in Transport- und Startbehältern sowie zwei zusätzliche Pakete zum schnellen Nachladen. Der PR-50 verfügte insofern über eine um 25 Prozent höhere Feuerkraft als die bisherigen 40-Schuss-Werfer. 2014 ersetzte der modernisierte WS-22 mit wieder verringerter Schusskapazität – zumindest was das Abschussgestell angeht – den PR-50. Er zeigt den gleichen Aufbau wie der PR-50 mit dem viertürigen Führerhaus, in dem die gesamte fünfköpfige Bedienung einschließlich Fahrer unterkommt. Im hinteren Teil befindet sich der Artillerieteil, sprich der Raketenwerfer, der auf einem Drehteller zwei Rohrpakete mit zusammen 40 Raketen trägt. Zwei weitere Nachlade-Pakete befinden sich hinter dem Führerhaus. Das Nachladen erfolgt mit Hilfe eines hydraulischen Bordkrans, der entweder die Ersatzraketen auf dem Fahrzeug, Nachladepakete von anderen Fahrzeugen oder vom Boden übernimmt. Die Pakete sind werkseitig versiegelt und können alle Arten chinesischer 122-mm-Raketen enthalten, einschließlich der neuen GPS-gesteuerten WS-33 mit bis zu 70 km Reichweite, oder Raketen WS-43 mit Sperrmunition und einer Reichweite von 60 km. In Marschlage können die Raketenpakete des Fahrzeugs durch Planen abgedeckt werden. Damit

Der WS-22 verfügt über zwei Rohrpakete für zusammen 40 Raketen 122 mm und zusätzlich über zwei Nachladepakete hinter dem Führerhaus.

Das Nachladen bewerkstelligt der WS-22 mithilfe seines hydraulischen Bordkrans.

lässt sich das Fahrzeug als gewöhnlicher Lastwagen tarnen. In Feuerstellung stabilisieren hydraulische Stützen den MRW WS-22. Als Fahrgestell dient ihm ein geländegängiger 6 x 6-Lkw des Typs Wanshan, der dank eines leistungsstarken Dieselmotors auf guten Straßen 90 km/h Spitzengeschwindigkeit erreicht. Der Fahrbereich beträgt 1000 km. Der WS-22 wird, MRW-typisch, in Batterien eingesetzt. Eine Batterie umfasst sechs MRW, ein Feuerleit- und Führungsfahrzeug, eine Wetterstation und Nachladefahrzeuge. Bei Bedarf können die Werfer unabhängig voneinander operieren.

Der – wenn man so will – 80-schüssige 122-mm-Mehrfachraketenwerfer WS-22.

130-mm-Mehrfachraketenwerfer Typ 63

Technische Angaben 130-mm-MRW Typ 63	
Kaliber, mm	130
Anzahl der Startrohre	19
Bedienung	5
Abmessungen, mm:	
Länge	5500
Breite	2200
Höhe	2250
Schussweite, km	10,1
Dauer einer Vollsalve, sec	15
Motorleistung, PS	70
Höchstgeschwindigkeit, km/h	63

Nachdem die sowjetische Armee eine 140-mm-Werferrakete eingeführt hatte, begann China mit der Entwicklung eines ähnlichen Geschosses, jedoch im Kaliber 130 mm. Die Wahl dieses Kalibers war wahrscheinlich darauf zurückzuführen, dass China über die von der UdSSR gelieferte Ausrüstung zur Herstellung von 130-mm-Artilleriegranaten für die Kanone Typ 59-1 (siehe dort; eine Kopie der sowjetischen M-46) verfügte. Die den 1960er-Jahren entwickelte chinesische 130-mm-Werferrakete bildete die Grundlage für den MRW Typ 63 der VBA. Als Fahrgestell nutzte er den zweiachsigen und allradgetriebenen Lkw Nanjing NJ-230 (analog zum sowjetischen GAS-63), auf dessen Heck die Abschussvorrichtung mit 19 Rohren für 130-mm-Raketen untergebracht ist. Die Rohre sind in zwei Reihen für 10 und 9 Raketen angeordnet. Der Seitenrichtbereich beträgt je 75° nach rechts und links der Fahrzeuglängsachse; der Höhenrichtbereich 0° bis +50°. In den Handbüchern wird empfohlen, nur mit ausreichend großem Seitenwinkel zu schießen, um Beschädigungen des Führerhauses durch den Abgasstrahl der Raketen zu vermeiden. In Feuerstellung stabilisieren Kippstützen das Fahrzeug. Der Typ 63 verschießt ungelenkte, 1050 mm lange 130-mm-Werferraketen von 34 kg

Der 130-mm-Mehrfachraketenwerfer Typ 63 tat bis Anfang der 1990er-Jahre bei den Werferbatterien der Schützendivisionen Dienst.

130-mm-MRW Typ 63, rechte Seitenansicht.

Gewicht. Der 11 kg schwere Gefechtskopf enthält 3 kg Sprengstoff und erzeugt bei der Detonation über 1900 Splitter, die im Umkreis von 22 m tödlich wirken. Die Raketen erreichen bis zu 437 m/sec Fluggeschwindigkeit und eine Schussweite von 10.100 m. Ein 70-PS-Dieselmotor verleiht dem Fahrzeug eine Höchstgeschwindigkeit von 62 km/h. Erste Muster des 130-mm-Mehrfachraketenwerfers Typ 63 gingen Mitte der 1960er-Jahre in die Erprobung; 1967 folgte die Auslieferung einer ersten Charge an die Truppe. Aufgrund Maos unseliger „Kulturrevolution", die gründlich in die Hose ging, Millionen Menschen das Leben kostete und das Land wirtschaftlich an den Rand des Ruins brachte, kam die Serienfertigung jedoch zum Erliegen. Sie konnte erst Mitte der 1970er-Jahre wieder aufgenommen werden, nachdem sich die politische und wirtschaftliche Lage in China einigermaßen stabilisiert hatte. Obwohl der chinesische 130-mm-MRW den sowjetischen 140-mm-BM-14 und 122-mm-BM-21 unterlegen war, setzte ihn die VBA bis Anfang der 1990er-Jahre bei den Werfertruppenteilen der Schützendivisionen ein. 130-mm-MRW Typ 63 nahmen am chinesisch-vietnamesichen Grenzkonflikt 1979 teil. Mehrere Dutzend Fahrzeuge exportierte China in den Irak, wo US-Truppen beim Golfkrieg 1991 mindestens einen MRW Typ 63 erbeuteten. Die Erfahrungen mit dem Typ 63 führten den Chinesen die mangelnde Geländegängigkeit und Motorleistung des Lkw Nanjing NJ-230 vor Augen. Deshalb führte die VBA 1980 den verbesserten Typ 63-1 auf Fahrgestell des Dreiachs-Lkw Dongfeng EQ-240 ein, der obendrein zusätzliche Munition mitführen konnte.

130-mm-MRW Typ 63, Heckansicht.

Blick auf das 19-rohige Abschussgestell des 130-mm-MRW Typ 63.

130-mm-Mehrfachraketenwerfer Typ 70 und Typ 85

Technische Angaben 130-mm-MRW Typ 70	
Kaliber, mm	130
Anzahl der Rohre	19
Bedienung	4
Abmessungen, mm:	
Länge	5476
Breite	2978
Höhe	1887
Schussweite, km	10,1
Dauer einer Vollsalve, sec	9–10
Motorleistung, PS	320
Höchstgeschwindigkeit, km/h	65
Fahrbereich, km	500

Der Mehrfachraketenwerfer Typ 70 auf Kettenfahrgestell wurde Ende der 1960er-Jahre für die Raketenwerfer-Abteilungen der VBA-Panzer- und mot-Schützendivisionen entwickelt und in großen Stückzahlen hergestellt. Jede Werferabteilung verfügte über drei Batterien zu je sechs Typ 70 sowie über vier bis fünf Feuerleit- und mehrere Transportfahrzeuge. Die Auslieferung im großen Stil begann Anfang der 1980er-Jahre; insgesamt erhielt die Truppe etwa 300 MRW Typ 70. Da der Typ 70 mit Panzern und Schützenpanzern im Gelände Schritt halten können sollte, erhielt er das Fahrgestell des schwimmfähigen Ketten-Mannschaftstransportwagens YW-531. Bei diesem sitzt der Fahrer links im Wannenbug und der Kommandant/Geschützführer rechts. Motor und Getriebe befinden sich dahinter, während der Rest der Wanne als Kampfraum dient, auf dessen Dach der Raketenwerfer auf seiner Schwenkvorrichtung montiert ist. Das Rohrbündel unterteilt sich in eine untere Reihe mit 9 und eine

130-mm-Mehrfachraketenwerfer Typ 70 in einem Museum.

obere mit 10 Startrohren mit Durchmesser 130,43 mm. Der Höhenrichtbereich beträgt 0° bis +50°, der Seitenrichtbereich gewährt mit 360° Rundumfeuer. Die Wanne des YW-531 besteht aus geschweißten und gewalzten Panzerplatten und bietet den Insassen Schutz vor Handwaffengeschossen und Granatsplittern. Die Wanne bietet eine relativ niedrige Silhouette, der Abstand vom Boden bis zum Dach beträgt nur 1,9 m und mit dem Werfer 2,58 m. Der Typ 70 verschießt ungelenkte 130-mm-Raketen, die im Flug durch Drall stabilisiert werden. Die 34 kg schwere Rakete mit Sprengsplittergefechtskopf erreicht eine Schussweite von 10.100 m. Ihr 11 kg schwerer Gefechtskopf enthält 3 kg Sprengstoff und erzeugt bei der Detonation an die 1900 Splitter, die im Umkreis von 22 m tödlich wirken. Im Motor- und Getriebeabteil des Typ 70 versieht ein luftgekühlter BF-8L-Dieselmotor mit 320 PS seinen Dienst, den die Chinesen in Lizenz des deutschen Unternehmens Deutz bauen. Der Motor arbeitet mit einem Schalt-Vierganggetriebe. Das drehstabgefederte Kettenlaufwerk weist auf jeder Seite vier gummierte Laufrollen plus ein vorderes Antriebsrad und ein hinteres Leitrad auf. Auf befestigten Straßen erreicht das Fahrzeug eine Spitzengeschwindigkeit von 65 km/h und im Gelände von bis zu 50 km/h. Es erklettert bis zu 0,6 m hohe senkrechte Hindernisse und überschreitet bis zu 2,2 m breite Gräben. Wasserhindernisse durchschwimmt es mit Kettenantrieb mit bis zu 6 km/h. Eine Weiterentwicklung des Typ 70 stellt der Typ 85 auf verlängertem YW-531-Fahrgestell mit insgesamt 30 Startrohren 130 mm dar, angeordnet in drei Reihen zu je 10 Rohren.

Der 130-mm-Mehrfachraketenwerfer Typ 70 bildete lange Jahre das Rückgrat der Werferabteilungen der mot.-Schützen- und Panzerdivisionen der VBA.

130-mm-Mehrfachraketenwerfer Typ 85 auf Kettenfahrgestell des schwimmfähigen MTW YW-531.

Der 130-mm-Mehrfachraketenwerfer Typ 85 auf verlängertem Fahrgestell und 30 Abschussrohren,.

130-mm-MRW Typ 70, rechte Seitenansicht.

130-mm-Mehrfachraketenwerfer Typ 82

Den 30-rohigen 130-mm-Mehrfachraketenwerfer Typ 82 entwickelte Norinco Anfang der 1980er-Jahre. 1982 übernahm ihn die VBA, wo er die 19-rohrigen 130-mm-MRW Typ 63 und Typ 70 abzulösen begann. Alle 130-mm-MRW verschießen die gleiche Raketenmunition, wobei der Typ 63 das Fahrgestell eines leichten 4 x 4-Lkw oder eines gepanzerten MTW YW-531 verwendet, während der Typ 82 das Fahrgestell eines geländegängigen Dreiachs-Lkw erhielt. Der Typ 82 ist nach dem klassischen Schema eines MRW auf Lkw-Chassis aufgebaut, wobei sich der Artillerieteil über der letzten Achse des dreiachsigen Radfahrgestells befindet. Den Bug nimmt das große ungepanzerte Führerhaus ein, in der außer dem Fahrer die gesamte siebenköpfige Bedienung unterkommt. Direkt hinter der Kabine befindet sich ein Stahlkasten mit 30 Ersatzraketen. Dadurch kann der Werfer fünf Minuten nach der ersten Salve eine zweite abfeuern, unabhängig davon, ob sich ein Munitionstransport- und -ladefahrzeug in der Nähe befindet. Der Artillerieteil des Werfers weist 30 Rohre auf, in drei Lagen zu 10 übereinander angeordnet.

Technische Angaben 130-mm-MRW Typ 82	
Kaliber, mm	130
Anzahl der Rohre	30
Bedienung	8
Gewicht in Feuerstellung, t	7,5
Abmessungen, mm:	
Länge	6440
Breite	2250
Höhe	2260
Schussweite, km	10,1
Dauer einer Vollsalve, sec	14–17
Nachladezeit, min	5

Das Rohrbündel ist auf einem starren, geschweißten Gestell montiert, das über einen drehbaren Sockel verfügt. Der Höhenrichtbereich beträgt 0° bis +50° und der Seitenrichtbereich je 75° rechts und links der Fahrzeuglängsachse. Er verschießt ungelenkte und drallstabilisierte 130-mm-Werferraketen. Die für den MRW Typ 63 hergestellten Raketen waren 1 m lang und verfügten nur über Sprengsplitter-Gefechtsköpfe. Die für den Typ 82 entwickelten Geschosse

Batterie 130-mm-MRW Typ 82 beim Gefechtsschießen.

130-mm-Mehrfachraketenwerfer Typ 82.

haben dieselben Abmessungen, erhielten aber außer dem erwähnten Gefechtskopf noch einen Splittergefechtskopf mit 2600 Stahlkugeln sowie einen Brandgefechtskopf mit 5000 Brandkörpern. Die Höchstschussweite beträgt bei allen 10,1 km. Seit kurzem steht noch eine Rakete mit auf 15 km erhöhter Reichweite und Sprenggefechtskopf mit verstärkter Splitterbildung zur Verfügung. Wie beim 107-mm-MRW Typ 63 kam man bei den Arbeiten am Typ 82 wieder auf die Idee, für leichte Verbände, Kommandotruppen und Guerrillas einen leicht transportablen 130-mm-Einrohrwerfer auf Dreibein zu schaffen.

130-mm-MRW Typ 82, Heckansicht.

273-mm-Mehrfachraketenwerfer Typ 83

Mit der Entwicklung des 273-mm-Mehrfachraketenwerfers Typ 83 begannen die Chinesen in den frühen 1980er-Jahren, mit der Serienfertigung vermutlich 1983. Er stellte den ersten schweren chinesischen MRW großer Schussweite dar und steht noch immer bei der VBA in Verwendung. Außerdem bietet ihn die VR China als WM-40 auf dem Weltmarkt an. Als Fahrgestell verwendet der Typ 83 den Artilleriekettenschlepper Typ 60-1, der anstelle der sonstigen Nutzlast vier kastenförmige Startrohre nebeneinander auf einem Drehgestell aufnimmt. Das Führerhaus und die Lage von Motor und Getriebe blieben unverändert. Zum Nachladen verwendet die fünfköpfige Bedienung wegen des Raketengewichts von 484 kg und der Raketenlänge von 4,75 m den Kran oder sonstiges Hebezeug eines Nachladefahrzeugs. Das Höhenrichten im Bereich von +5,5° bis +56° erfolgt mittels zweier ausfahrbahrer hydraulischer Stützen, die von Hand hochgepumpt werden. Der Seitenrichtbereich beträgt lediglich 20°. In Feuerstellung werden zwei Fahrzeugstützen am Heck abgesenkt. Ursprünglich sollte der Typ 83 drallstabilisierte 273-mm-Raketen verschießen, wobei die Rotation um die Längsachse Abgase bewirkten, die in bestimmten Winkeln aus Hecköffnungen strömten. Bei Versuchen stellte es sich jedoch heraus, dass die Leistung des Feststofftriebwerks wegen des Verlusts eines Teils der Gase für den Drall nicht ausreichte.

273-mm-Mehrfachraketenwerfer Typ 83, Heckansicht.

Daher wählte man eine Flossenstabilisierung, wobei die leicht schräg angeordneten Flossen einen zusätzlichen leichten Drall bewirkten. Bei den Versuchen stellten die Tester dann lediglich eine kreisförmige wahrscheinliche Zielabweichung von 1,2 % in der Tiefe und 0,7 % in der Breite fest und waren`s zufrieden. Als hauptsächliche Wirkladung verwenden die 273-mm-Raketen Splittersprengköpfe, wahrscheinlich aber auch solche mit chemischer und Streumunition – was sich bei einem solchen Großkaliber anbietet. Im Flug erreicht die Rakete eine Spitzengeschwindigkeit von 811 m/sec. Die Höchstschussweite beträgt 40 km, die Mindestschussweite 23 km. Mittlerweile liegt auch eine ungelenkte Rakete Typ 83 mit bis zu 80 km Reichweite vor. Ihr 150-kg-Gefechtskopf kann Splitter- oder Streumunition mit

Laden einer flossenstabilisierten 273-mm-Werferrakete.

273-mm-Mehrfachraketenwerfer WM-40 auf Radfahrgestell – die Exportausführung des Typ 83.

Technische Angaben 273-mm-MRW Typ 83	
Kaliber, mm	273
Anzahl der Rohre	4
Bedienung	5
Gewicht in Feuerstellung, t	17,54
Abmessungen, mm:	
Länge	6190
Breite	2600
Höhe	3180
Raketengewicht, kg	484
Schussweite, km:	
maximal	40
minimal	23
Dauer einer Salve, sec	7,5
Nachladezeit, min	15–20
Motorleistung, PS	300
Höchstgeschwindigkeit, km/h	60
Fahrbereich, km	400

380 Tochtergeschossen enthalten. Der Typ 83 kann Einzelschüsse oder Salven abgeben. Die Dauer einer Vollsalve von vier Raketen beträgt 7,5 Sekunden. Der Artillerieschlepper als Trägerfahrzeug verwendet einen 300 PS leistenden Zwölfzylinder-Dieselmotor 12150-L-V mit mechanischem Getriebe. Das Kettenlaufwerk weist auf jeder Seite fünf große drehstabgefederte Laufrollen, ein hinteres Antriebsrad und ein vorderes Leitrad auf. Auf Straßen erreicht der MRW Typ 83 eine Höchstgeschwindigkeit von 60 km/h. Er überklettert bis zu 0,6 m hohe senkrechte Hindernisse, überschreitet bis zu 2,2 m breite Gräben, durchfurtet bis zu 1 m tiefe Gewässer und zeigt auch sonst gute Geländegängigkeit. Der Fahrbereich beträgt 400 km.

273-mm-Mehrfachraketenwerfer Typ 83.

300-mm-Mehrfachraketenwerfer A-100

In den späten 1990er-Jahren arbeiteten chinesische Ingenieure weiter an der Entwicklung großkalibriger Mehrfachraketenwerfer hoher Reichweite. Sie sollten der Bekämpfung gegnerischer Truppen- und Fahrzeugansammlungen, Artilleriestellungen, Kommandozentren, Befestigungen und Wehranlagen sowie zum Beschuss von Flugplätzen, Nachschubzentren, Industrieanlagen und weiteren Flächenzielen in der Tiefe des Raumes dienen. Die Chinesische Akademie für Trägerraketentechnologie (CALT) trat bei der Entwicklung der ersten Langstrecken-Werferrakete A-100 der VBA besonders in Erscheinung. Als Bauvorlage dienten ihr 300-mm-Raketen des russischen MRW 9K58 „Smertsch" (Wirbelwind)*, von dem die VR China 1997 mehrere Fahrzeuge erworben hatte. Die Fertigstellung erster MRW A-100 wurde im Januar 2000 bekannt gegeben, wobei die Produktion der Hauptbaugruppen und die Endmontage bei der chinesischen CNPMIEC (China National Precision Machinery Import and Export Corporation) erfolgten. Die VBA übernahm das System im Jahr 2002. Der MRW A-100 erinnert – wenig verwunderlich – in Aufbau und Aussehen stark dem russischen 9K58 „Smertsch" (BM-30). Wie dieser verwendet der A-100 einen geländegängigen Vierachs-Lkw als Trägerfahrzeug. Die Artillerieeinheit ist im hinteren Teil

Technische Angaben 300-mm-MRW A-100	
Kaliber, mm	300
Anzahl der Rohre	10
Bedienung	4–5
Gewicht in Feuerstellung, t	40
Abmessungen, mm:	
Länge	12.000
Breite	3000
Höhe	3000
Raketengewicht, kg	–
Schussweite, km	bis zu 120
Dauer einer Vollsalve, sec	60
Nachladezeit, min	20
Motorleistung, PS	etwa 500
Höchstgeschwindigkeit, km/h	60
Fahrbereich, km	650

300-mm-Mehrfachraketenwerfer A-100 in Schießstellung.

Abschuss einer 300-mm-Rakete aus dem A-100.

untergebracht, während sich im vorderen Teil das Motor-Getriebe-Abteil und das Führerhaus befinden, das die vier- bis fünfköpfige Bedienung sowie die Feuerleit- und Funkausrüstung aufnimmt. Der Werfer umfasst ein Paket von 10 Startrohren sowie einen schwenkbaren Sockel mit der Richtmechanik, ihrer elektrischen Antriebseinheit sowie Zusatzausrüstung. Die innen ansonsten glatten Startrohre weisen nach russischem Vorbild eine spiralförmige Führungsnut auf, die den Raketen über ihre Führungsnaht den Anfangsdrall verleiht. Das Faltleitwerk der Rakete entfaltet sich nach Verlassen des Startrohrs

Der 300-mm-MRW A-100 kann Ziele auf bis zu 120 km bekämpfen.

und seine leicht schräg angeordneten Flossen sorgen für die weitere Drallstabilisierung im Flug. Diese Drallstabiliserungs-Methode hatten die Russen wiederum von deutschen Raketenwerfern („Nebelwerfern") des 2. Weltkriegs abgeschaut. Höhen- und Seitenrichtbereich des A-100 dürften dem russischen „Smertsch" entsprechen: +5° bis +55° nach der Höhe und 60° nach der Seite. Zum Richten, Abschuss und zur Lenkung der Raketen verbleibt die Bedienung in ihrer Kabine. Hier befindet sich auch die automatische Feuerleitanlage sowie die bordeigenen Kontroll- und Kommunikationseinrichtungen:

- automatisierter Hochgeschwindigkeitsempfang und -übertragung von Informationen und deren Schutz vor unbefugtem Zugriff,
- topografische Referenzierung und Orientierung im Gelände, einschließlich der Verwendung von Satelliten-GPS
- automatische Messung meteorologischer Daten und Aufbereitung der Schießdaten.

Der A-100 feuert Raketen ab, die über ein Flugsteuerungssystem

Ein 300-mm-Mehrfachraketenwerfer A-100 hat samt Nachladefahrzeug und weiteren Unterstützungsfahrzeugen seinen Verfügungsraum bezogen.

verfügen, das ihre Flugbahnen überwacht und berichtigt. Die Korrektur erfolgt durch gasdynamische Ruder, angetrieben vom Hochdruckgas des eingebauten Gaserzeugers. Darüber hinaus wird die Rakete im Flug, wie oben beschrieben, drallstabilisiert. Die Raketen sind 7276 mm lang, wiegen je 840 kg und tragen einen 235 kg schweren Gefechtskopf. Es wurden mehrere Typen von Splitter- und Streu-Gefechtsköpfen entwickelt. Einer der Streugefechtsköpfe enthält beispielsweise 500 Schrapnell-Tochtergeschosse, die gegen ungepanzerte und leicht gepanzerte Ziele verheerend wirken. Ein weiterer Streugefechtskopf stößt fünf selbstsuchende panzerbrechende Geschosse aus, die bis zu 70 mm Panzerung im Winkel von 30° durchschlagen – sprich: selbst Kampfpanzern von oben gefährlich werden.

* Siehe Schunkow: Die Waffen der Russischen Armee. Infanterie und Artillerie. Seiten 230–233.

300-mm-Mehrfachraketenwerfer A-100.

300-mm-Mehrfachraketenwerfer A-200

Schon Anfang der 2010er-Jahre ließ die VBA den 300-mm-Mehrfachraketenwerfer A-100, den sie 2002 in Dienst gestellt hatte, modernisieren. Dabei ging es vor allem um Raketen mit größerer Reichweite, eine Verbesserung der Feuerleitanlage sowie um einige weitere kampfwertsteigernde Maßnahmen. Einen Teil der Arbeiten führten die Chinesen mit Unterstützung weißrussischer Fachleute durch, zumal die Weißrussen seit 2016 einen neuen MRW A-200 „Polonez" erprobten. Nach erfolgreicher Erprobung übernahmen die weißrussischen Streitkräfte den „Polonez", den ihre Industrie nun in Kleinserie produzierte. Berichten zufolge ging der Mehrfachraketenwerfer an die weißrussische 336. Raketenartilleriebrigade und einige Geschütze beschafften darüber hinaus die Streitkräfte Aserbaidschans. Was die chinesische Version des A-200 betrifft, sah die VBA von einer Übernahme ab. Die Chinesen gingen nämlich gleich einen Schritt weiter und entschieden sich für den noch fortschrittlicheren Mehrfachraketenwerfer A-300 (siehe unten). Dennoch lag ja eine Reihe chinesischer A-200 vor, die China zum Teil an die Streitkräfte Äthiopiens verkaufte, die den MRW erstmals 2023 vorführten. Der A-200 baut auf dem Fahrgestell der schweren Spezial-Lkw Taian TA-5450 oder Wanshan WS-2400 auf, während der weißrus-

Technische Angaben 300-mm-MRW A-200	
Kaliber, mm	300
Anzahl der Rohre	8
Bedienung	3–5
Gewicht in Feuerstellung, t	40
Abmessungen, mm:	
Länge	12.000
Breite	3000
Höhe	3000
Raketengewicht, kg	–
Schussweite, km	50–200
Dauer einer Vollsalve, sec	50
Nachladezeit, min	8
Motorleistung, PS	517
Höchstgeschwindigkeit, km/h	–
Fahrbereich, km	1000

300-mm-Mehrfachraketenwerfer A-200.

300-mm-MRW A-200 in Gefechtsssstellung.

Abschuss einer 300-mm-Rakete vom A-200.

sische „Polonez“ das Fahrgestell des achträdrigen MSKT-7930 „Astrologist“ erhielt. Im Unterschied zum A-100 trägt der A-200 keine zehn, sondern nur acht Raketenstartrohre, unterteilt in zwei Pakete zu vier Rohren. Die ab Werk versiegelten Pakete werden von einem Transport- und Ladefahrzeug mit entsprechender Kranausrüstung auf die Drehscheibe der Werfer montiert. Die Vorteile dieses Konzepts sind ein schnelleres Nachladen, eine vereinfachte Logistik sowie eine einfachere Wartung und Lagerung der

Raketenpakete. Die für den MRW A-200 entwickelte neue 300-mm-Lenkrakete misst 7,3 m in der Länge, 0,615 m im Durchmesser (einschließlich Stabilisierungsflossen) und wiegt 715 kg. Die Lenkung übernimmt eine kombinierte Trägheits- und Satellitenlenkanlage. Es stehen mehrere Arten von Gefechtsköpfen zur Verfügung. Dabei kann es sich um Sprengsplitter-Ladungen, Streumunition mit Hunderten von Tochtergeschossen oder Hohlladungs-Submunition zur Panzerbekämpfung handeln, die ihre Ziele nach dem Ausstoß selbst sucht. Die Schussweite des A-200 beträgt 50–200 km. Er kann Einzelfeuer oder Salven abfeuern; eine Vollsalve von acht Raketen dauert 50 Sekunden. Da sich jede Rakete individuell programmieren lässt, kann der A-200 bis zu acht verschiedene Ziele gleichzeitig bekämpfen. Der A-200 ist ein modulares System, von dem sich auch andere Raketen einsetzen lassen – etwa zwei taktische Kurzstreckenraketen M-20 in ihren Containern. Bei der M-20 handelt es sich um eine einstufige Rakete mit Feststofftriebwerk und abnehmbarem Gefechtskopf mit eigener Lenkanlage. Aufgrund der relativ großen Reichweite, der Masse des Gefechtskopfes und des Verwendungsspektrums kann die M-20 als operativ-taktischer Flugkörper eingestuft werden. Er ist knapp 8 m lang, hat eine Startmasse von etwa 4 t und verfügt über einen 560-kg-Gefechtskopf hoher Sprengkraft. Die Reichweite beträgt 280 km. Die Art der Lenkung des Gefechtskopfes gaben die Hersteller bislang nicht bekannt.

300-mm-MRW A-200 in Startstellung.

300-mm-Mehrfachraketenwerfer A-300

2015 gab die VBA ihre Absicht bekannt, den von der Chinesischen Akademie für Trägerraketentechnologie (CALT) entwickelten Mehrfachraketenwerfer A-300 zu übernehmen. Wie die von CALT entwickelten A-100 und A-200 (mit weißrussischer Unterstützung) soll der 300-mm-WRW A-300 wichtige Flächenziele in der Tiefe des Raumes bekämpfen (siehe A-100). CALT betrachtete seinerzeit den A-300 als einziges universellen MRW, der mehrere Raketensystem von der Abschussvorrichtung eines einzigen Kampffahrzeugs einsetzen kann. (Im Englischen als *General Army Tactical System,* GATS, bezeichnet).

Der A-300 baut auf dem Fahrgestell des schweren Achtrad-Lkw Taian TA-5450 auf. Im vorderen Teil sind das Führerhaus nebst Bedienkabine sowie Motor und Getriebe untergebracht, im hinteren Teil der Artillerieteil in Gestalt eines achtrohrigen Werfers (wobei sich die Rohre in rechteckigen Transportbehältern verstecken, wie bei anderen modernen MRW). Im Einklang mit dem GATS-Prinzip ist die A-300-Werferplattform als modulare Struktur konzipiert, die den Start von A-100-, A-200- und A-300-Werferraketen sowie von taktischen Kurzstreckenraketen M-20- und CX-1 ermöglicht. Zu diesem Zweck werden die Raketen werkseitig in Transport- und Startbehältern geliefert, die sich einfach auf dem Startgestell montieren lassen. Die

Technische Angaben 300-mm-MRW A-300	
Kaliber, mm	300
Anzahl der Rohre	8
Bedienung	5
Gewicht in Feuerstellung, t	40
Abmessungen, mm:	
Länge	12.000
Breite	3000
Höhe	3000
Raketengewicht, kg	–
Schussweite, km	290
Dauer einer Vollsalve, sec	50
Nachladezeit, min	8
Motorleistung, PS	517
Höchstgeschwindigkeit, km/h	70
Fahrbereich, km	1000

300-mm-MRW A-300 in Gefechtsstellung.

300-mm-Werferrakete des A-300, Transport- und Abschussbehälter im Hintergrund.

für den A-300 entwickelte lenkbare Werferrakete mit 150-kg-Gefechtskopf kann simple Sprengsplitter- oder aber unterschiedliche Streumunition aufnehmen und arbeitet mit Trägheits- und GPS-unterstützter Satellitenlenkung. Die Höchstschussweite beträgt 290 km bei einer wahrscheinlichen kreisförmigen Abweichung von höchstens 30–45 m. Die Raketen sollen im Flug sogar gegnerischen Luftabwehrmaßnahmen ausweichen bzw. diese überwinden können. Der A-300 verschießt seine Raketen einzeln oder in Salven. Eine Vollsalve von acht Raketen dauert 50 Sekunden. Da sich wie schon beim A-200 jede Rakete individuell programmieren lässt, kann der A-300 bis zu acht Ziele gleichzeitig bekämpfen. Die fünfköpfige Bedienung (einschließlich Fahrer) führt sämtliche Arbeiten zum Start der Rakete aus der Kabine aus, kann aber auch Fahrzeug-unabhängig agieren. Die Beladung des Werfers übernimmt ein Transport-Ladefahrzeug, ebenfalls auf Lkw-Fahrgestell Taian AT-5450. Das Fahrzeug nimmt mehrere Raketenpakete auf, die es mit einem Hydraulikkran lädt. Die Nachladezeit beträgt maximal 8 Minuten. Das geländegängige Achtrad-Fahrgestell gewährt sowohl Werfer- als auch Transportfahrzeug eine hohe taktische und operative Beweglichkeit. Auf befestigten Straßen erreichen die Fahrzeuge eine Höchstgeschwindigkeit von bis zu 70 km/h und einen Fahrbereich von 1000 km. Auch im Gelände sollen sie eine gute Figur machen.

300-mm-Mehrfachraketenwerfer A-300.

300-mm-Mehrfachraketenwerfer AR-1A

In den frühen 2000er-Jahren arbeiteten Norinco-Ingenieure zusammen mit Spezialisten des russischen Unternehmens Splaw an der Entwicklung eines 300-mm-Langstrecken-Mehrfachraketenwerfers, der sich am russischen MRW 9K58 „Smertsch“ orientierte (siehe A-100). Heraus kam der 300-mm-Mehrfachraketenwerfer AR-1A, den Norinco erstmals auf der IDEX-Messe 2009 vorstellte.

Das Fahrzeug baut, ganz wie der A-200, auf dem Fahrgestell des weißrussischen Lkw MSKT-7930 „Astrologist“ auf. Die vierköpfige Bedienung, einschließlich Fahrer, findet im Führerhaus Platz, das zugleich als Bedienstation dient und die bordeigene Feuerleitanlage beherbergt. Dahinter das Motor- und Getriebeabteil und im hinteren Teil die auf einen drehbaren Sockel montierte Abschussvorrichtung für zweimal fünf 300-mm-Raketen. Die eigentlichen Abschussrohre sind mit rechteckigen Transportbehältern verkleidet, was Transport, Nachladen und Logistik erleichtert. Die für den MRW AR-1A entwickelten 300-mm-Raketen haben unterschiedliche Sprengköpfe:

- Die BRE2 mit 60–130 km Reichweite verfügt über einen 180-kg-Sprengsplittergefechtskopt.
- Die BRE3 mit 20–70 km Reichweite verfügt über einen 200-kg-Streugefechtskopf mit 623 Hohlladungs-Tochtergeschossen. Diese verteilen sich nach dem Ausstoß in bis zu 150 m Umkreis und durchschlagen bis zu 50 mm homogene Panzerung.
- Die BRE4 mit 60–130 km Reichweite ist mit der gleichen Submunition wie die BRE3 bestückt, jedoch in geringerer Stückzahl – 480 Stück. Das Transport- und Ladefahrzeug baut auf demselben

Technische Angaben 300-mm-MRW AR-1A	
Kaliber, mm	300
Anzahl der Rohre	10
Bedienung	4
Gewicht in Feuerstellung, t	42,5
Abmessungen, mm:	
Länge	12.699
Breite	3020
Höhe	3025
Raketengewicht, kg	–
Schussweite, km	20–230
Dauer einer Vollsalve, sec	60
Nachladezeit, min	20
Motorleistung, PS	500
Höchstgeschwindigkeit, km/h	70
Fahrbereich, km	1000

300-mm-Mehrfachraketenwerfer AR-1A auf Mercedes-Benz-SK-Fahrgestell.

300-mm-Mehrfachraketenwerfer AR-1A auf Fahrgestell des weißrussischen MSKT-7930.

Fahrgestell wie das Werferfahrzeug auf. Es nimmt zwei Raketenpakete auf, die es mit Hilfe eines Hydraulikkrans lädt. Die Nachladezeit beträgt etwa 20 Minuten. Der Achtrad-Spezial-Lkw MSKT-7930 verfügt über einen 500 PS starken Dieselmotor und erreicht eine Straßengeschwindigkeit von bis zu 70 km/h. Er überklettert senkrechte Hindernisse bis zu 0,6 m Höhe und überschreitet bis zu 2 m breite Gräben. Der Fahrbereich beträgt 1000 km. Nichtsdestoweniger wollen ihn die Chinesen mittelfristig durch ihren eigenen Wanshan WS-2400 ersetzen.

300-mm Mehrfachraketenwerfer AR-1A auf Fahrgestell Wanshan WS-2400.

300-mm-/370-mm-Mehrfachraketenwerfer AR-3 (PHL-191)

2010 kündigte Norinco die Entwicklung des 300-mm-/370-mm-Mehrfachraketenwerfers AR-3 an. Sein hoher Kampfwert macht ihn zu einem der besten MRW seiner Klasse weltweit. Berichten zufolge übernahm in die VBA unter der Bezeichnung PHL-191 noch vor dem im Wesentlichen baugleichen PHL-16 (siehe unten). Norinco konzipierte den AR-3 als modulares System, das sich sowohl mit zwei Transport- und Abschusscontainern mit je fünf 300-mm-Raketen als auch mit vier 370-mm-Raketen bestücken lässt. Das Abschussgestell kann gleichzeitig einen 300-mm-Raketenbehälter und einen 370-mm-Raketenbehälter aufnehmen. Die 300-mm-Raketen des AR-3 lassen sich gegen Raketen des AR-1A (siehe oben) austauschen. Sie verfügen über verschiedene Sprengköpfe: Sprengsplitter-, Brand- und Streuladungen mit Tochtergeschossen gegen Weich- und Hartziele. Die Schussweite beträgt 70–130 km. Die 370-mm-Lenkflugkörper BRE6 des AR-3 sind in ihrer Leistung mit ballistischen

Technische Angaben 300-/370-mm-MRW AR-3	
Kaliber, mm	300/370
Anzahl der Rohre	10/8
Bedienung	5
Gewicht in Feuerstellung, t	44
Abmessungen, mm:	
Länge	12.699
Breite	3020
Höhe	3025
Raketengewicht, kg	–
Schussweite, km	130/220
Dauer einer Vollsalve, sec	60
Nachladezeit, min	20
Motorleistung, PS	500
Höchstgeschwindigkeit, km/h	70
Fahrbereich, km	1000

Kurzstreckenraketen vergleichbar. Sie haben eine Reichweite von 220 km mit einer wahrscheinlichen kreisförmigen Zielabweichung von 50 m. Darüber hinaus lässt sich das Startgestell des AR-3 mit

300-mm-/370-mm-Mehrfachraketenwerfer AR-3 in Gefechtstellung.

300-mm-/370-mm-Mehrfachraketenwerfer AR-3, Heckansicht.

taktischen Kurzstreckenraketen „Feuerdrache 480" oder Raketen TL-7B zur Schiffsbekämpfung bestücken. Der MRW AR-3 verwendet das Fahrgestell des geländegängigen Achtrad-Lkw Wanshan WS-2400. Die fünfköpfige Bedienung (einschließlich Fahrer) im kombinierten Führerhaus/Bedienkabine bereitet den Raketenwerfer zum Feuern vor, ohne die Kabine verlassen zu müssen. Nach Beziehen der Feuerstellung kann der AR-3 seine Raketen innerhalb von 5 Minuten abfeuern und danach die Feuerstellung binnen 1 Minute wieder verlassen. Jeden Werfer begleitet ein Transport- und Ladefahrzeug, ebenfalls auf Fahrgestell Wanshan WS-2400. Es nimmt zwei Raketenpakete auf, die es mit einem Hydraulikkran lädt. Das Nachladen nimmt etwa 20 Minuten in Anspruch. Der MRW AR-3 kann eigenständig oder im Rahmen einer Werferbatterie oder Werferabteilung operieren. Eine AR-3-Batterie umfasst in der Regel vier Werfer plus Transport- und Ladefahrzeuge, ein Führungsfahrzeug, ein Wetteraufklärungsfahrzeug mit Radar sowie verschiedene weitere Fahrzeuge (z. B. für Wartungszwecke).

Mehrfachraketenwerfer AR-3 mit gemischter Bewaffnung aus 300- und 370-mm-Raketen

Mehrfachraketenwerfer AR-3 mit 300-mm-Raketen.

300-mm-Mehrfachraketenwerfer PHL-03

Technische Angaben 300-mm-MRW PHL-03	
Kaliber, mm	300
Anzahl der Rohre	12
Bedienung	4
Gewicht in Feuerstellung, t	43
Abmessungen, mm:	
Länge	12.699
Breite	3020
Höhe	3025
Raketengewicht, kg	–
Schussweite, km	130–160
Dauer einer Vollsalve, sec	30
Nachladezeit, min	30
Motorleistung, PS	500
Höchstgeschwindigkeit, km/h	60
Fahrbereich, km	1000

Berichten zufolge verfügt die rotchinesische Werfertruppe über rund 175 Mehrfachraketenwerfer PHL-03. Diesen 300-mm-MRW entwickelte Norinco in Zusammenarbeit mit dem russischen Unternehmen Splaw. Die VBA stellte ihn 2004 in Dienst. Als Trägerfahrzeug verwendet er den vierachsigen Spezial-Lkw Wanshan WS-2400, wie auch der MWR AR-3 (siehe oben). Im Aufbau entspricht er den anderen chinesischen MRW bzw. dem russischen MRW 9K58 „Smertsch“, was hier nicht wiederholt zu werden braucht. Er verschießt gelenkte und ungelenkte 300-mm-Raketen aus einer zwölfrohrigen Startvorrichtung mit Richtanlage. Der Höhenrichtbereich beträgt von 0° bis +55° und der Seitenrichtbereich 60° (je 30° links und rechts der Fahrzeug-Längsachse). Hydraulische Stützen zwischen den Rädern der dritten und vierten Achse stabilisieren den Werfer beim Feuern. Er verschießt drallstabilisierte 300-mm-Raketen von etwa 800 kg Gesamtgewicht und einem 280-kg-Gefechtskopf mit Splitter-, Streu- und Aerosolladungen. Die Schussweite beträgt, je nach Art des Gefechtskopfes, 70–130 km. Die Lenkrakete „Feuerdrache 140A“ mit 160 km Reichweite erweitert seit 2020 das Munitionsspektrum. Sie verfügt über eine GPS/GLONASS-Lenkanlage. Das Transport- und Ladefahrzeug nutzt ebenfalls das Chassis des Wanshan WS-2400. Seine Ladeplattform bietet Platz für 12 Raketen, die es mit einem Hydraulikkran lädt. Die Nachladezeit beträgt 30 Minuten und die Dauer einer Vollsalve 30 Sekunden. Dank dem geländegän-

300-mm-Mehrfachraketenwerfer PHL-03 in Marschlage.

Indienststellung neuer 300-mm-Mehrfachraketenwerfer PHL-03 bei der VBA. Die Bedienungen „erlaufen" ihr neues Gerät mit Gesang.

gigen Achtrad-Fahrgestell und dem 500-PS-Dieselmotor des Wanshan WS-2400 verfügen die Fahrzeuge über eine gute taktische Beweglichkeit. Auf guten Straßen erreichen sie eine Höchstgeschwindigkeit von 60 km/h. Im Gelände überwinden sie bis zu 0,6 m hohe senkrechte Hindernisse, 2 m breite Gräben und 1 m tiefe Gewässer. Der Fahrbereich beträgt 1000 km.

300-mm-Mehrfachraketenwerfer PHL-03, linke Seitenansicht.

Abschuss einer 300-mm-Werferrakete. Der PHL-03 kann Ziele auf 130–160 km bekämpfen. ↑↗

300-mm-MRW PHL-03 auf einer Parade.

300-mm-Mehrfachraketenwerfer PHL-03.

300-mm-/370-mm-Mehrfachraketenwerfer PHL-16

2019 beschaffte die VBA den schweren Langstrecken-Mehrfachraketenwerfer PHL-16 (der zuerst unter PHL-191 firmierte). Als erster Truppenteil soll ihn die 73. Artilleriebrigade der 73. Armee im Militärbezirk Ost erhalten haben, der ja wegen der Taiwanstraße zu den operativ wichtigsten Zonen der VBA gehört. Anfang 2022 verfügte die chinesische Werfertruppe bereits über fünfzig 300-mm-/370-mm-MRW PHL-16. Der Werfer stellt eine an die Anforderungen der VBA angepasste Ausführung des eher für den Export vorgesehenen MRW AR-3 dar (siehe dort). Wie dieser ist auch der PHL-16 modular aufgebaut und kann drei verschiedene Raketentypen unterschiedlicher Kaliber verschießen, die in einheitlichen Transport- und Abschussbehältern untergebracht sind. Zwei dieser Behälterpakete lassen sich auf dem zehn- bzw. achtschüssigen Abschussgestell installieren. Die 300-mm-Raketen werden in zwei Fünfer-Paketen und die 370-mm-Flugkörper in zwei Vierer-Paketen geladen. Salvenfeuer gibt der PHL-16 nur mit den 300-mm-Raketen ab. Davon gibt es die Typen BRC3/4 sowie BRE2/3 mit 130 km/h Reichweite. Die 370-mm-Rakete BRE6 kommt auf eine Schussweite von 220 km und mit der 370-mm-Rakete BRE8 lässt sich der PHL-16, wie es heißt, außer zur Bekämpfung von Bodenzielen auch

Technische Angaben 300-/370-mm-MRW PHL-16	
Kaliber, mm	300/370
Anzahl der Rohre	10/8
Bedienung	5
Gewicht in Feuerstellung, t	45
Abmessungen, mm:	
Länge	12.699
Breite	3020
Höhe	3025
Raketengewicht, kg	–
Schussweite, km	130/220
Dauer einer Vollsalve, sec	60
Nachladezeit, min	20
Motorleistung, PS	500
Höchstgeschwindigkeit, km/h	60
Fahrbereich, km	1000

Mehrfachraketenwerfer PHL-16 mit 370-mm-Raketen, erkennbar an den zwei Vierer-Paketen.

Mehrfachraketenwerfer PHL-16 auf einer Parade.

Und noch ein Paradebild von Mehrfachraketenwerfern PHL-16, alle beladen mit 370-mm-Raketen.

300-/370-mm-Mehrfachraketenwerfer PHL-16.

zur Raketenabwehr einsetzen. Die Exportversion dieses Flugkörpers bringt es auf eine Reichweite von 300 km und die chinesische Ausführung nach Angaben verschiedener Quellen auf bis zu 500 km. Der PHL-16 nutzt dasselbe Achtrad-Fahrgestell des Wanshan WS-2400 wie der AR-3 (siehe oben). Es kann unter verschiedenen klimatischen Bedingungen und bei Temperaturen von –20°C bis +50°C operieren. Aufgrund seines etwas höheren Gefechtsgewichts erreicht der PHL-16 im Vergleich zum AR-3 nur 60 km/h statt 70 km/h Höchstgeschwindigkeit. Die fünfköpfige Bedienung einschließlich Fahrer findet in der kombinierten Führer- und Bedienkabine Platz, die auch die Feuerleitanlage enthält. Die rechnergestützte Feuerleitanlage ermöglicht die kontinuierliche Bestimmung des Standorts, die Berechnung der Ausgangsdaten für den Abschuss, die Eingabe von meteorologischen Eckdaten sowie die Wahl der

Schussfolge (Salve, eine, zwei Raketen usw.). Darüber hinaus besteht die Möglichkeit, die Raketen mittels einer Fernbedienung auch von außerhalb des Fahrzeugs zu starten. Die bordeigene Feuerleitanlage lässt sich außerdem mit anderen Artilleriesystemen vernetzen. Für das Beziehen einer Feuerstellung einschließlich Herstellen der Gefechtsbereitschaft benötigt der PHL-16 etwa 5 Minuten. Nach dem Feuern kann er die Stellung binnen einer Minute wieder verlassen. Das Nachladen des Raketenwerfers über ein Transport- und Ladefahrzeug dauert etwa 20 Minuten. Ein PHL-16-Komplex umfasst außer dem Werfer ein Transport- und Nachladefahrzeug, ein Fahrzeug mit meteorologischer Radarstation, ein Kommandofahrzeug, ein Wartungsfahrzeug sowie verschiedene Übungsgeräte. Zur Zielaufklärung und Schussabstimmung lassen sich Drohnen ins System einbinden.

400-mm-Mehrfachraketenwerfer WS-2

Technische Angaben 400-mm-MRW WS-2	
Kaliber, mm	400
Anzahl der Rohre	6
Bedienung	3
Gewicht in Feuerstellung, t	keine Angaben
Abmessungen, mm:	
Länge	12.00
Breite	3000
Höhe	3000
Raketengewicht, kg	–
Schussweite, km	200
Nachladezeit, min	12
Motorleistung, PS	517
Höchstgeschwindigkeit, km/h	80
Fahrbereich, km	800

In den frühen 2000er-Jahren entwickelte die Sichuan Aerospace Industry Corporation (SCAIC) einen schweren 400-mm-Mehrfachraketenwerfer großer Reichweite, der etwa vom chinesischen Festland aus Ziele an der Ostküste Taiwans beschießen kann. Die VBA übernahm den MRW 2004 unter der Bezeichnung WS-2 (die Bezeichnung SY-400 ist ebenfalls gebräuchlich). Der WS-2 wurde erstmals 2008 auf der Luft- und Raumfahrtmesse „AirShow China" vorgeführt. Die VBA stuft den WS-2 als „gelenktes Mehrfachraketenstartsystem" (GMRW) ein. Dieses besteht aus dem Werferfahrzeug mit eingebauter Feuerleitanlage und sechs Lenkraketen, einem Transport- und Nachladefahrzeug, einem Kommandofahrzeug, einem Wartungsfahrzeug sowie Übungsgerät. Als Fahrgestell dient dem WS-2 der allradgetriebene Vierachs-Lkw Taian TAC-5450. Der Aufbau entspricht grundsätzlich dem anderer schwerer chinesischer MRW. Im vorderen Teil des Fahrgestells befinden sich das Führerhaus, eine zusätzliche Mannschaftskabine sowie der Motor- und Getrieberaum. Der hintere

400-mm-Mehrfachraketenwerfer WS-2, Ansicht von links.

400-mm-Mehrfachraketenwerfer WS-2, Ansicht von rechts.

Teil des Fahrgestells beherbergt den Artillerieteil des Fahrzeugs – die Startvorrichtung mit den Raketen-Transport- und Abschussbehältern. Vier ausfahrbare Hydraulikstützen stabilisieren den WS-2 beim Feuern. Eine 400-mm-Werferrakete misst 7150 mm in der Länge und wiegt 1285 kg, wobei auf den Gefechtskopf 200 kg entfallen. Vier Arten von Gefechtsköpfen stehen zur Verfügung:

- Streugefechtskopf mit 560 oder 660 Hohlladungskörpern zu Panzerabwehr
- Gefechtskopf mit verstärkter Splitterbildung durch Stahlkugeln
- Sprenggefechtskopf hoher Sprengkraft
- Aerosol-Gefechtskopf

Die WS-2-Werferraketen verfügen über eine Trägheitsnavigationsanlage, die das chinesische

400-mm-Mehrfachraketenwerfer WS-2, Heckansicht.

Satellitennavigationssystem „Baidu" nutzt. Im Flug beschleunigen sie auf 5,6-fache Schallgeschwindigkeit. Die Höchstschussweite beträgt 200 km. Im Jahr 2007 kündigten chinesische Quellen die Entwicklung einer WS-2C-Rakete mit 300 km Reichweite an, die in erster Linie zum Ausschalten von Radaranlagen sowie der Schiffs- und Bodenzielbekämpfung dienen sollte. Die Rakete verfügte für die Endlenkung über eine passive Radaranlage. Vor geraumer Zeit entwickelten die Firmen SCAIC und CPMLES (China Precision Machinery Export-Import Corporation) gemeinsam eine neue WS-2D-Rakete mit 400 km Reichweite. Sie misst 8,1 m in der Länge und 245 mm im Durchmesser gegenüber 7,15 m und 400 mm bei den Vorgängern. Mit ihrer Reichweite von 400 km – also das Doppelte der WS-2- und 100 km mehr als die WS-2C-Rakete – stellt die WS-2D die Werferrakete mit der höchsten Schussweite weltweit dar (sofern man von de3 etwas wackligen und unbestätigten 500-km-Angabe für die 370-mm-Rakete BRE8 absieht, siehe oben.) Was die Treffgenauigkeit angeht, soll die WS-2D auf 400 km Höchstschussweite eine systembedingte kreisförmige Zielabweichung von höchstens 600 m erreichen. Der Endanflug der WS-2D lässt sich aber durch einen unbemannten Zielpeiler noch berichtigen. Wie die WS-2 lässt sich auch die WS-2D mit unterschiedlichen Gefechtsköpfen bestücken, darunter ein neuartiger Streugefechtskopf, der drei zielsuchende Tochtermunitionen trägt. Das Transport-Ladefahrzeug baut auf dem gleichen Achtrad-Fahrgestell Taian TAC-5450 wie der Werfer auf und verfügt über einen Laderaum für die 400-mm-Raketen in Transport- und Abschussbehältern. Nach dem Verschuss aller Raketen hebt das Transport- und Ladefahrzeug die leeren Transport- und Abschussbehälter mit seinem Hydraulikkran vom Werfer und ersetzt sie durch beladene. Der allradgetriebene Taian TAC-5450 und sein 517-PS-Dieselmotor gewährleisten dem Mehrfachraketenwerfer WS-2 eine gute taktische Beweglichkeit. Auf passablen Straßen erreicht er eine Höchstgeschwindigkeit von 80 km/h und einen Fahrbereich von 800 km. Eine WS-2-Batterie besteht normalerweise aus 6–9 Werfer- und ebenso vielen Transport- und Ladefahrzeugen, einem Führungs- und Kommandofahrzeug, einem mobilen Wetterradar und verschiedenen Hilfsfahrzeugen.

400-mm-Mehrfachraketenwerfer WS-2 im Augenblick der Schussabgabe. Er erreicht Schussweiten bis 400 km.

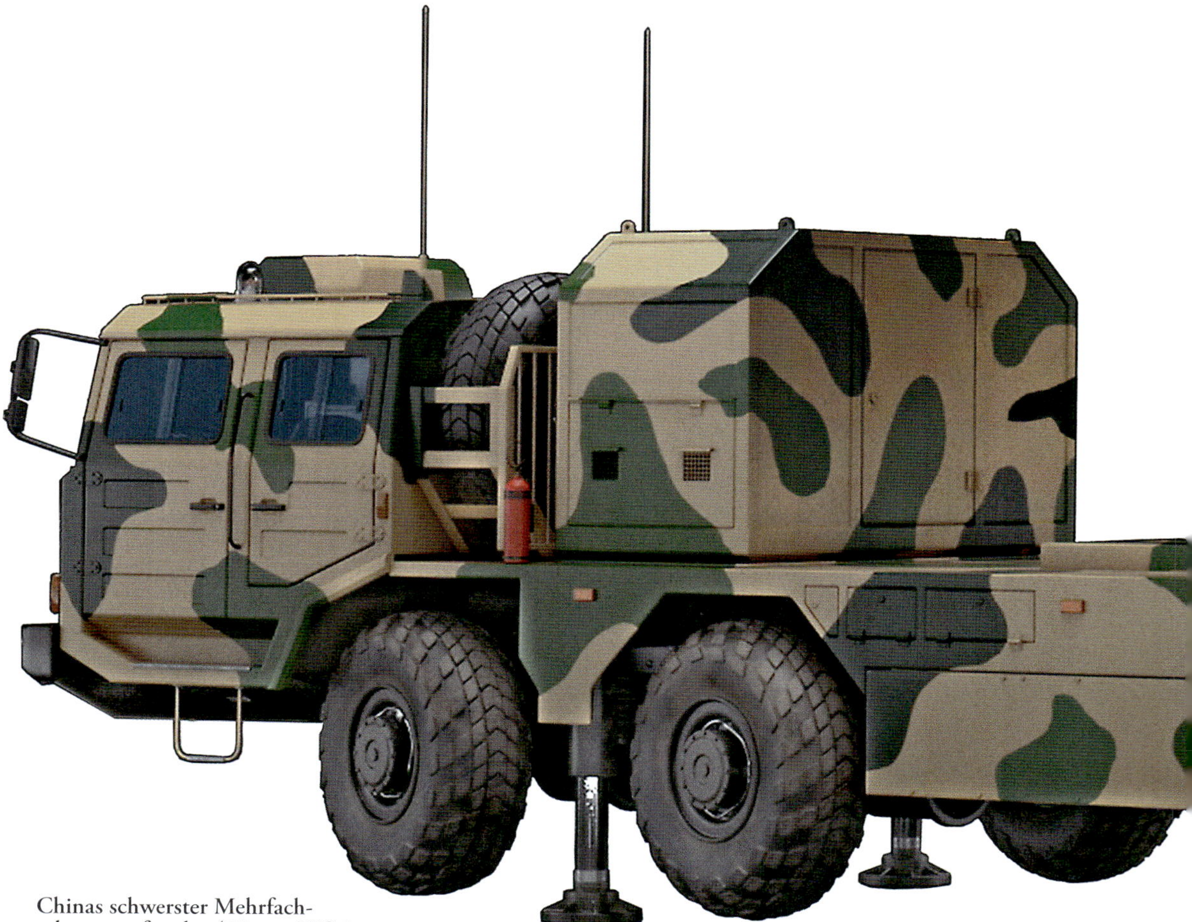

Chinas schwerster Mehrfach-
raketenwerfer, der 400 mm WS-2.

400-mm-Mehrfachraketenwerfer WS-2 im Augenblick der Schussabgabe. Er erreicht Schussweiten bis 400 km.

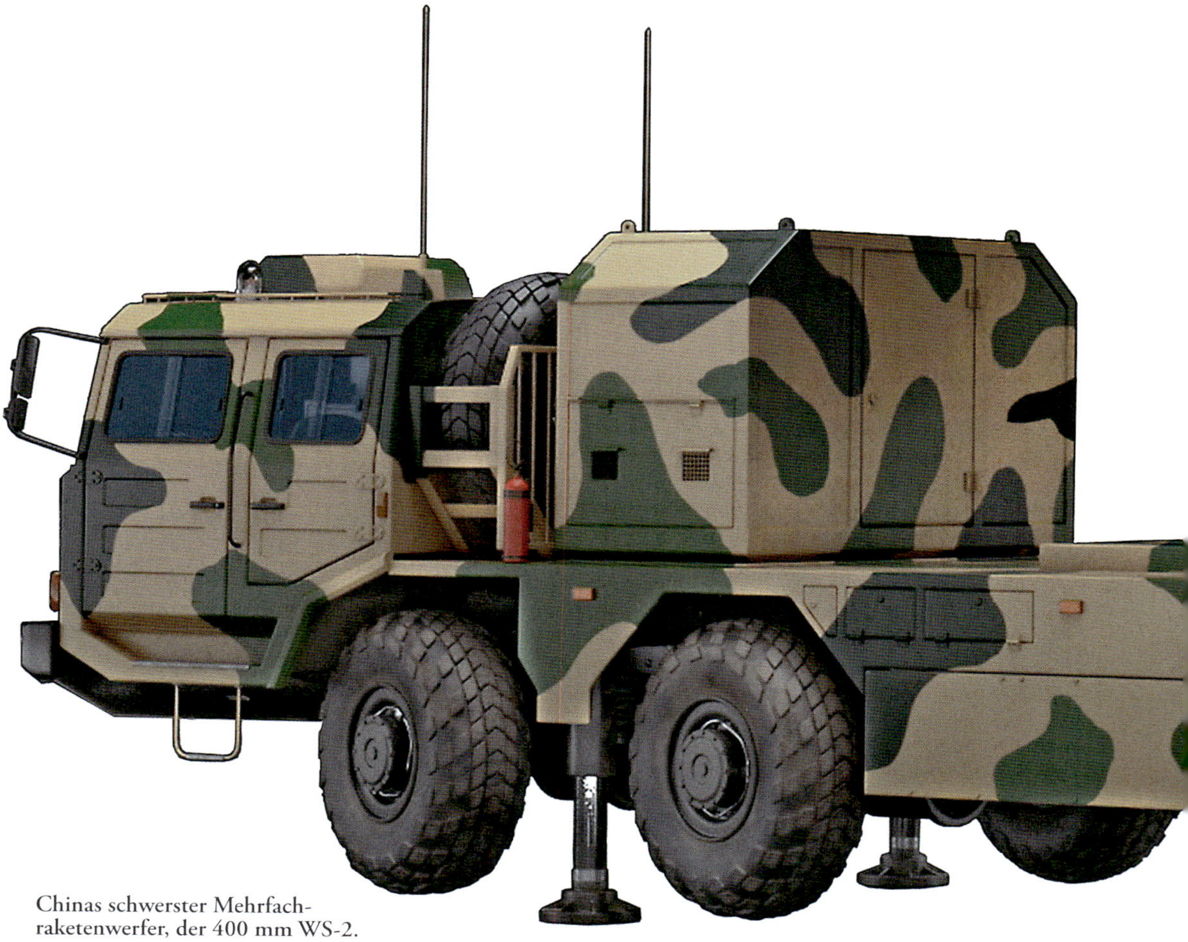

Chinas schwerster Mehrfach-
raketenwerfer, der 400 mm WS-2.

WEITERE INTERESSANTE BÜCHER ZUM THEMA

Victor Schunkow widmet sich in diesem spannenden Buch den gepanzerten Landstreitkräften des Volksrepublik China. Er präsentiert Typen, Technik und Bewaffnung, erklärt Strukturen, Dislozierung und Organisation und beschreibt, was sich in den Armeefuhrparks jenseits der Großen Mauer befindet.
208 Seiten, 300 Abb., 170x240 mm
ISBN 978-3-613-04764-8
€ 39,90 | € (A) 41,10

Victor Schunkow widmet sich den Panzern der Russischen Armee, die heute im Einsatz sind oder zum Einsatz kommen sollen, angefangen bei den bewährten Typen T-80 und T-90 bis hin zu den modernsten Vertretern ihrer Art, den T-14 Panzern. Eine umfassende Darstellung von besonderer Aktualität.
192 Seiten, 258 Abb., 170x240 mm
ISBN 978-3-613-04601-6
€ 29,90 | € (A) 30,80

Die israelische Panzerwaffe ist eine der Besten der Welt. Fesselnd erläutern Marc Lenzin und Stefan Bühler, auf Basis aktueller Forschung, die Geschichte der israelischen Panzerwaffe, von ihrer Gründungszeit im Arabisch-Israelischen Krieg 1948/49 bis heute.
224 Seiten, 209 Abb., 230x265 mm
ISBN 978-3-613-04509-5
€ 34,90 | € (A) 35,90

Victor Schunkow widmet sich in diesem Band nun jenen Panzern, der Rohr- und Raketen-Artillerie und den weiteren Waffen - ob aus ukrainischer, russischer oder westlicher Produktion - die sich auf ukrainischer Seite im Einsatz befinden. Eine umfassende Darstellung von besonderer Aktualität.
288 Seiten, 434 Abb., 170x240 mm
ISBN 978-3-613-04655-9
€ 34,90 | € (A) 35,90

Leseproben zu allen Titeln auf unserer Internetseite

Stand Juli 2025
Änderungen in Preis und Lieferfähigkeit vorbehalten.

Überall, wo es Bücher gibt, oder unter
WWW.MOTORBUCH-VERSAND.DE
Service-Hotline: 0711 / 78 99 21 51

Motor buch Verlag

www.facebook.com/MotorbuchVerlag